环保管家
工作技术手册

黄磊　汤瑶　张德强　主编
鞠美庭　顾问

化学工业出版社
·北京·

《环保管家工作技术手册》共分五篇十六章。第一篇概念篇，介绍环保管家的概念、内涵、服务对象、作用、服务范围、工作程序以及服务内容。第二篇常规服务篇，介绍开展排污许可申领服务、环境监理服务以及建设项目竣工环境保护验收服务的相关要求、方法和工作内容。第三篇定制服务篇，介绍开展环境影响评价服务、环境风险评价服务、突发环境事件应急预案服务、污染场地环境修复服务以及环境污染治理服务的工作程序和技术方法。第四篇延伸服务篇，介绍开展清洁生产审核服务、企业能源审计服务、企业环境信用评价服务、企业环境报告书编制服务以及环境认证服务的工作要求和内容。第五篇案例篇，介绍两项已完成的某街道以及某开发区环保管家服务案例。

《环保管家工作技术手册》内容全面、重点突出、联系实际，注重手册的系统性、完整性和易查性，可供环境咨询机构、从业人员和环境服务需求侧各界人士参考使用。

图书在版编目（CIP）数据

环保管家工作技术手册/黄磊，汤瑶，张德强主编.
—北京：化学工业出版社，2019.9（2022.8重印）
ISBN 978-7-122-34810-4

Ⅰ.①环…　Ⅱ.①黄…②汤…③张…　Ⅲ.①环境保护-环境管理-中国-技术手册　Ⅳ.①X321.2-62

中国版本图书馆CIP数据核字（2019）第136449号

责任编辑：满悦芝　　　　　　　　　　文字编辑：孙凤英
责任校对：王　静　　　　　　　　　　装帧设计：刘丽华

出版发行：化学工业出版社（北京市东城区青年湖南街13号　邮政编码100011）
印　　装：北京印刷集团有限责任公司
710mm×1000mm　1/16　印张12　字数199千字　　2022年8月北京第1版第5次印刷

购书咨询：010-64518888　　售后服务：010-64518899
网　　址：http://www.cip.com.cn

定　　价：68.00元　　　　　　　　　　　　　版权所有　违者必究

编委会名单

随着我国经济长期高速发展，快速城镇化和工业化进程中累积的环境问题越来越多，我国面临的环境压力日益加大。新环保法和环保督查制度实施以来，我国的环境监管体系呈现污染排放标准不断提升、国家处罚力度不断加大、环保执法检查常态化的趋势。排污企业面对的环保监管高压的大环境，以及其对专业环境服务供给的旺盛需求推动着我国环保服务业逐步成熟。2016年4月，环境保护部办公厅印发的《关于积极发挥环境保护作用促进供给侧结构性改革的指导意见》，鼓励有条件的工业园区聘请第三方专业环保服务公司作为"环保管家"，向园区提供监测、监理、环保设施建设运营、污染治理等一体化环保服务和解决方案。由此，在环境保护领域正式提出了"环保管家服务"的概念。环保管家服务是以践行绿色发展理念、改善环境质量为核心，以推动形成绿色发展方式和生活方式为目标，以环保供给侧改革为契机，以环境保护需求和环境问题的有效解决为导向，以定制化创新服务为核心驱动力的环境综合服务。

环保管家从概念提出至今，环保部门尚无专门规范环境服务业发展的法规或引导性文件提出，与此同时国内能够指导开展环保管家技术工作的图书尚不多见，我们编写本书的目的在于针对国内环保管家发展的迫切需要，根据编者多年来开展环境技术服务工作的经验，系统分析环保管家服务的对象、服务内容、发展模式，梳理开展环保管家工作的相关技术重点，为推动我国的环境保护工作贡献微薄之力。

本手册由黄磊［奥为（天津）环保科技有限公司］、汤瑶［奥为（天津）环保科技有限公司］、张德强（天津市塘沽鑫宇环保科技有限公司）、田琳静（北洋国家精馏技术工程发展有限公司）、王雯翡（中国建筑科学研究院天津分院）、李兰兰［奥为（天津）环保科技有限公司］、杨宗政（天津科技大学）、白新宇（南开大学）、侯其东（南开大学）、王琦［奥为（天津）环保科技有限公司］编写。鞠美庭（南开大学）作为顾问指导了全书编写。

　　本书在编写过程中参考了相关领域的著作、文献和标准文件，在此向有关作者致以谢忱。

　　由于水平所限，本书中存在的不足和疏漏之处，希望得到专家、学者及广大读者的批评指教。

编　者

2019年5月于天津

目 录

第一部分

概念篇

　　我国近几十年的粗放型发展，在提高经济发展、改善人民群众物质生活的同时，也付出了环境代价，环保形势日益严峻。为满足人民群众对居住生活环境日益增长的需求，适应环保新形势，我国相继修订了《中华人民共和国环境保护法》《中华人民共和国环境影响评价法》《中华人民共和国大气污染防治法》等法律法规，环保要求不断提高，环保管理愈加严格，各级政府对环保工作也更加重视，将环保工作列为重中之重。

　　我国环保法律法规、标准和相关部门规章条目众多，环境保护作为一项专业性较强的工作，一般企业难以全面掌握，同时环境保护也是技术性要求高的工作，常常需要用到不同行业和不同专业的知识。为了在环保管理上不触及法律红线，提高生产管理效能，降低环保资金投入成本，引入第三方环保管家来从事专业环境管理的需求将会越来越多。

第一章
环保管家概述

第一节　环保管家的概念及内涵

环保管家的概念

环保管家是一种新兴的治理环境污染的商业模式，是指环保服务企业为政府、园区或企业提供合同式综合环保服务，并视最终取得的污染治理成效或收益来收费。

2016年4月，环境保护部（现生态环境部）出台《关于积极发挥环境保护作用促进供给侧结构性改革的指导意见》（环大气〔2016〕45号），意见中指出落实环境治理任务，推动环保产业发展，推进环境咨询服务业发展，鼓励有条件的工业园区聘请第三方专业环保公司为"环保管家"，向园区提供监理、监测、环保设施建设运营、污染治理等一体化环保服务和解决方案。

2017年8月，环境保护部出台《关于推进环境污染第三方治理的实施意见》（环规财函〔2017〕172号），意见中指出要以环境污染治理"市场化、专业化、产业化"为导向，推动建立排污者付费、第三方治理与排污许可证制度有机结合的污染治理新机制，鼓励第三方治理单位提供包括环境污染问题诊断、污染治理方案编制、污染物排放监测、环境污染治理设施建设、运营及维护等活动在内的环境综合服务。

环保管家作为环境综合服务的全新模式正在蓬勃发展，旨在向企业、园区等相关服务对象提供监测、监理、环保设施运营、污染治理等一体化环保服务和解决方案。针对服务对象特征，环保管家可提供专项定制的咨询及工程技术服务，为工业园区及企业提供从项目立项、规划选址、环境影响评价、环境监理到排污许可等"全流程"的技术咨询服务，从环保政策解读、环保问题咨询、环保决策指导、环境风险管控、污染物达标排放等方面提供"一站式"环保服务，是对传统环保服务局限性进行颠覆革命性的改造。

 ## 环保管家的内涵

1. 有利于园区管理部门提高监管水平

园区环保管理是一项综合性业务，其技术性、专业性较强。通过环保管家的介入，可充分发挥第三方机构的人员和技术优势，针对具体的环境问题提供定制化的解决方案，将管理部门从专业性较强的技术工作中解脱出来，规范园区企业环境管理，从而最大限度地弥补园区环保管理上的短板。园区重点负责行使其管理职能，环保管家负责提供专业的技术指导和实际服务，提供一体化污染物集中治理方案，促进园区环保管理的专业化、精细化和集约化，从而进一步提高园区管理效率和监管水平，提升区域环境形象。

2. 有利于企业提高自身环保水平

随着环境问题的日益严峻，环境保护已被列为与经济发展同等重要的地位，社会各界对于环境保护的关注和参与也越发频繁。工业企业作为排污主体，其环保意识和社会责任感也有了很大程度的提高，摆脱了以往过于追求利益最大化的片面认识，愿意投资合理的环境污染治理设施，以提高自身环保水平。然而，受制于自身人员配备不足、专业水平不高且缺乏经验等众多因素，在实际工作中企业经常会感觉无从下手，遇到问题时不知所措，打击了企业提高环保水平的自信、违背了提高环保水平的初衷。通过引入环保管家第三方服务，针对企业遇到的具体环保问题，进行专业的解答、释疑，同时通过定期组织专家讲座、开展技能培训等方式，能够提升企业环境保护意识和管理水平，降低企业污染治理成本和环境风险，促进企业环境形象的全面提升。

3. 有利于促进环境管理的公开公正

近年来，环保部门虽然全力改善环境质量但公众对环境状况的疑问却日益增多。其中，个别管理程序不够透明、监管工作不够到位、监察结果不够公开是造成问题的重要原因。保证环境管理的公开、公正是当前各级环保管理部门面临的难题，尤其是在发生环境污染事件和回应公众投诉时，个别部门的工作由于缺乏专业性和公开性，易导致公众对调查过程和处置结果产生疑义。通过环保管家第三方服务的介入，委派专家参与环保核查，可以实现对园区各企业的常态化监督。当发生环境污染事件时，由第三方服务单位提供日常监管材料，结合环保部门对事件的调查情况，由管理部门发布公正、客观、专业的事件调查结果，可以提高行政透明度，增强环境管理的公开、公正性。

第二节 环保管家服务对象

环保管家作为一种新兴的环保服务模式，需要在实践中不断去探索，根据不同的服务对象定制相应的服务内容和方式。环保管家的服务对象一般有政府环境部门、园区、企业等。常见的服务内容见表1.1。

表1.1　环境管家服务对象和服务内容

序号	服务对象	服务内容
1	政府环境部门、园区	专业技术服务和专家咨询
2	企业	从选址、环评、建厂、应急预案、项目验收、排污许可证到正式投放、危废规范化、托管运营、环境监测、清洁生产等"一站式环保管家"服务

 针对政府环境部门、园区层面的环保管家服务

我国环境管理现状总体上仍属于行政管制为本位的环境管理模式，政府（环保管理部门）是环境保护的发起者、主要促进者、监督者和仲裁者。而工业园区在发展过程中会遇到许多环保问题，如园区建设规划、项目入园审批、企业日常环境监管、污染事故应急处理等，每一项问题对于环保管理部门都是严峻的挑战。环保管家通过组建的专业技术服务团队，能够更好地帮助政府环境部门、园区实现区域经济、环境的可持续发展。

针对企业层面的环保管家服务

　　企业所有者和管理者的时间和精力是有限的，企业以发展经济为最主要目标，导致相对忽视环保工作。目前，环保工作的专业性要求越发严苛，污染排放标准不断提升，国家处罚力度不断加大，环保执法检查已成为常态化，只有通过扎实有效的环保管理，才能使得企业符合国家各项环保法律法规要求。然而，无论是大企业还是中小企业，面对繁杂的环保要求都有点力不从心、无从下手，专业的环境管家技术服务公司不但能给企业提供专业优质的环保服务，而且可以减少企业成本开支，省去企业许多麻烦，让企业所有者和管理者有更多的时间和精力去发展壮大企业，真正让企业实现经济效益和社会效益的双赢。

 环保管理现状及环保管家作用

 环保管理现状及存在问题

1. 工业园区环保管理现状及存在问题

　　（1）环境整体性观念不足

　　某些工业园区在建设早期没有开展区域环境影响评价，未对园区的选址、规模、性质的可行性进行论证，无法真正了解园区的环境状况以及园区开发带来的环境问题，更无法建立科学的环境总量控制规划和环境保护管理体系。即使有的工业园区在后续发展中进行了环境影响评价，但由于区域环评滞后，仍然会造成园区产业定位不清晰、规划布局不协调、入驻企业不合理等决策失误。

　　（2）园区基础设施薄弱，公用工程不完善

　　经过多年发展，虽然工业园区已经建设了公共配套设施，但随着环保要求日益严格，园区的大多数公用工程已不再满足环保的要求，如部分园区未统一建设公共管廊、污水集中处理厂需提标改造、未实现"一企一管"、未建设危废储存和处置中心等。

（3）园区环境监管能力不强

由于环保体制机制改革慢，一线执法人员偏少，导致执法监管力不从心，难以对园区内大量的污染源进行有效监管。部分地区环境监察机构设备配置尚未达到国家标准化水平，尤其是缺乏移动执法与专项执法装备。

（4）环境应急能力建设薄弱

环境污染事故应急处置是环保部门一项十分重要的职责，虽然近年来各级环境监测与监察机构在应对相关事件中环境应急能力得到了很大的提升，但在重大污染事故的应急处置中也暴露出不少问题，如监测监控手段落后，指挥和决策系统的自动化、信息化水平较低，专业应急物资存储与调配机制较单一，应急监测与应急处置训练手段系统性、仿真性不足等问题。

（5）环保人才缺失，业务能力不足

地市级以下基层环保人才队伍是我国环保系统人才队伍的主体，在推动环保事业发展中发挥着重要作用。近年来，我国基层环保人才队伍建设取得了长足进展，总体看仍然存在人才总量不足、能力素质不高、结构不尽合理、高层次专业技术人才缺乏、人才培养工作薄弱等突出问题，与新时期环保工作的新要求、新任务相比还有较大差距。

2. 工业企业环保管理现状及存在问题

（1）环保意识淡薄，缺乏专业培训

较强的环保意识是环保措施能够实施的基础和动力，然而个别企业片面地追求经济效益而忽视了环境污染的问题。由于企业不注重环保，对环保部门要求的培训仅仅是应付了事，管理者和工人长期接受不到专业的培训，环保意识更加淡薄，形成了恶性循环。企业与环保部门之间对环保政策信息的不对称性，导致企业在环境执法中暴露出很多环境问题，最终的主体责任还是由企业自行承担。

（2）环评质量不佳，影响企业环境管理

环评审批是建设项目行政审批的重要阶段，环评报告编制是环评审批的必要前置过程，环评报告是环评审批必要的技术支撑文件，也是环保部门日常监管、企业自我管理、排污许可证申报、"三同时"验收的重要依据。目前市场上的环评编制机构良莠不齐，直接影响着企业环评报告的质量。质量低劣的环评报告对企业的错误引导长达数月甚至数年之久，将严重影响企业的绿色发展。

（3）企业环境保护管理制度缺失

管理制度缺失主要体现在两个方面：一是组织架构及其规章、规范不健全，一些企业尤其是中小企业，未设立专门的环境保护管理部门，而是直接由生产管理部门或检测部门兼任，缺乏专业性的同时亦容易造成工作紊乱，影响管理效果；二是企业环境保护及其管理的规章不完善，大多被并入其他规章文件中，缺乏系统性和全面性。同时，企业环境保护监督管理机制也不完善，缺乏有效的监管流程和监管手段。

（4）污染防治工艺落后，环保设备面临淘汰

污染防治措施的工艺和设备是企业做好环境保护工作的重要基础。处理工艺的可行性以及设备是否符合标准将直接影响污染物的处理效果。有些工业企业在建设初期，环保设施简易，发展多年后已无法稳定运行达标排放，处于淘汰的边缘。因此需要专门的环保整治团队，根据企业实际生产及产污情况提供一套全方位的整治方案。

 环保管家的作用

1. 环保管家服务对工业园区的作用

（1）转换园区政府职能

优质的环境作为一种公共产品，无法仅通过市场提供来满足社会需求。为了弥补市场机制在环境保护中的失灵，环境保护与环境污染治理的工作便成了现代政府最重要的职责。然而，政府在治污上付出的代价越来越大，却很难满足日益增长的治污需求，导致了部分环境污染治理的政府监管漏洞。为了消除漏洞，需要使环境污染治理专业化、市场化和社会化。环保管家新型服务模式旨在将环保部门的职能由"划桨"转为"掌舵"，能够避免其陷于具体的技术性事务，将着力推进政府协调、市场调节和公众参与的多元治理格局的形成。

（2）提高工业园区环境管理部门监管能力

环境是一门交叉性十分强的综合性学科，园区的环保管理更是涉及环境、化工、市政、法律、管理等各个领域，其技术性和专业性要求都很高。通过环保管家的介入，可充分发挥第三方机构的人员和技术优势，针对具体的环境问题提供定制化的解决方案，将管理部门从专业性较强的技术工作中解脱出来。而园区作为行政管理部门，可以迅速梳理规章制度，弥补管理上的短板，结

合环保管家提供的技术指导和服务，促进园区环保管理专业化、精细化和集约化，从而进一步提高园区的管理效率和监管水平。

2. 环保管家服务对工业企业的作用

（1）强化企业落实环境保护主体责任意识

环保管家能够帮助企业树立并强化环境保护主体责任意识，包括：依法采取措施防止污染和危害，承担损害责任；遵守环境影响评价和"三同时"要求；严格按照排污许可证排污，不得超标、超总量等；规范排污方式，严禁通过逃避监管方式排污；全面建立环境保护责任制度，强化内部管理等环境保护主体责任。

（2）提高企业整体环境管理水平

企业通过采用环保管家服务新模式，聘请第三方环境专业技术团队调查企业的具体生产及排污情况，提供详细的解决方案，同时对企业人员进行相关培训，进而能够逐步提升企业的环境管理水平，改善企业的排污情况。

第四节 环保管家服务范围和工作程序

一 服务范围

环保管家服务范围见图1.1。

1. 建设前期

从环境可行性角度设计总体工作路线图，研究项目建设可行性；协助建设单位做好环境影响评价等相关文件的报批工作。

2. 建设阶段

从环境监理、环境工程设计、环保设施建设等方面进行监督、指导。

3. 验收阶段

在验收阶段提供竣工验收、排污许可等服务，协助整体项目达标验收。

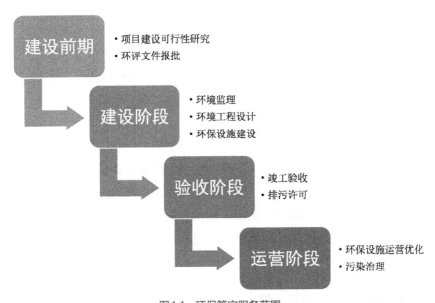

图1.1　环保管家服务范围

4. 运营阶段

进行环保设施运营管理、环境监测、危险废物处置、企业环境报告、环保培训、清洁生产审核等服务。

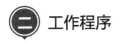 工作程序

环保管家项目服务流程见图1.2。

图1.2　环保管家项目服务流程

1. 收集资料

主要收集企业、园区的相关资料。园区资料包括园区发展规划、园区环评、园区企业统计、园区环境统计等；企业资料包括企业名称、项目名称、位置、面积、产品及其规模、环评及验收执行情况、排污统计等。

2. 现场调查

调查园区内集中供热、供水以及污水、固体废物集中处理等基础设施情况。调查企业环评及其批复的执行情况，是否出现环境违法行为，包括是否执行环评手续、是否建立环境管理制度、环保设施是否设置并连续稳定运行、污染物是否连续稳定达标排放、固体废物处置设施是否合理、危险化学品是否得到妥善管理等。

3. 提出解决方案及方案实施

针对发现的环保问题，与街道园区、企业进行协商，提出针对性的解决方案，并协助街道园区、企业实施解决方案，以解决相关环保问题。

4. 后续管理

协助企业/园区完成环保设施运营管理、环境监测、危险废物处置、企业环境报告、环保培训、清洁生产审核等服务及日常管理。

第五节 环保管家服务内容

环保管理是一项综合性的课题和难题，而环保管家作为一种解决问题的新途径，在企业运行过程中优势明显，通过提供全周期、全方位的专业技术服务，弥补了管理上的短板，解除了管理者的后顾之忧，实现了"专业的人干专业的事"，促进了整体环保水平的提高。当前部分企业存在市场体系不健全、机制不完善、服务机构不规范、工作模式不成熟、承担责任不清晰等问题，需要得到充足的后备资源和解决平台。环保管家服务包括环保培训、环保规划、环保法律、环评管理、环境检测、环境变更管理、环保风控等众多服务内容，除此之外，还在清洁生产、环境风险评估、绿色环保产品标志认证、无公害绿色有机产品认证、环保专项资金申报、绿色信贷、环保信用、企业评估等方面做了服务升级。

面对工业园区可提供的服务内容

1. 环保咨询服务

环保管家可在掌握园区的经济结构和环境状况的前提下，再根据园区产业定位以及新入园项目可能带来的环境问题，协助环保部门对拟入园项目进行评估，提高行政办事效率，避免重大决策失误，减少发展工业对环境造成的影响。此外，随着环保制度的改善，环保管家还可协助园区完成排污许可证审核、环保"三同时"竣工验收等工作。

2. 工程技术服务

环保管家可根据园区发展需要，提供区域给水、雨水、污水收集处理体系设计，污水集中处理厂设计，废气、固废处理工程设计，园区公共管廊、管沟等基础设施设计等工程技术服务。由于环保管家能够对环保政策及时解读，对园区及园区内企业的各项情况更加熟悉，可以更好地"因地制宜"。

3. 企业巡查服务

近年来，已有不少园区开始向第三方公司购买环保巡查及环保专项整治服务，所取得的成绩斐然，受到了环保部门和企业的一致好评。巡查服务首先是组织环保管家全方位排查园区和企业的环境问题，分析原因并给出可行性的整改意见，最后协助环保部门完成环保整治的验收工作，并且定期"回头看"，确保环保专项整治有效果、不反弹。

4. 污染事故处置及环境纠纷咨询服务

突发性的环境污染事故和环境纠纷事件均需要环保部门迅速、准确判断事态和影响，不同的处置方法可能会导致不同结果。因此通过环保管家辅助进行事态评估，会大大减少重大失误的概率。

5. 环保业务培训服务

我国的环保法律法规正处于集中修订、补充的时期，在新的法律法规发布后，环保管家可接受各级政府、机关、各开发区（园区、集中区等）的委托，举办具有针对性和个性化的环境领域相关的业务培训与技术指导。

面对工业企业可提供的服务内容

1. 环保培训服务

环保管家可向企业提供环境健康安全（EHS）培训，如符合性审计、工艺安全管理、危害与可操作性分析、EHS尽职调查等。此外，还可提供环保法规政策与标准培训、公司环保制度培训等。

2. 环评管理服务

环保管家可指导帮助企业筛选编制环评单位，协助企业收集完成编制环评资料和数据采集，审核环评编制合同等前期准备工作；协助完成环评编制工作，上报企业环评报告审批；协同并督促企业依据环评批复完成"三同时"业务办理工作等。

3. 环境管理服务

环保管家可以帮助企业建立健全环保管理制度，协助企业完成排污总量核算工作，协同企业完成环保档案资料收集、整理、归档和管理工作等。

4. 工程技术服务

环保管家可通过现场核查，帮助企业找到生产过程中的所有污染源头，并拿出可行的环保整治方案；同时，可提供环境工程监理以及各项环保工程的设计服务等。

环保管家服务内容具体见表1.2。

表1.2 环保管家服务内容

服务等级	项目	服务内容
基础服务	环保培训	1.环保法规政策与标准培训； 2.企业/园区环保制度培训； 3.企业/园区员工环保与职业健康知识培训
	环保规划	1.指导帮助企业/园区筛选环保规划编制单位，协助收集编制环保规划资料数据，审核规划编制合同等前期准备工作； 2.协助完成规划编制，组织专家对企业/园区环保规划进行评审； 3.指导、帮助、协同企业/园区环保规划的实施

续表

服务等级	项目	服务内容
基础服务	环保法律	1.指导帮助企业/园区聘请环保法律政策顾问； 2.指导帮助企业/园区依法建立环保管理制度，并协同实施； 3.协同企业/园区处理环境违法事宜，协调解决法律责任问题，承担环保法律文书起草、审核、法律责任辩护工作； 4.协同企业/园区完成环保法律法规符合性防控（日常巡检、法规符合性对照）工作
	环评管理	1.指导帮助企业/园区筛选编制环评单位，协助收集完成编制环评资料和数据采集，审核环评编制合同等前期准备工作； 2.协助完成环评编制工作，上报企业/园区环评报告审批； 3.指导、帮助、协同并督促企业/园区依据环评批复完成"三同时"业务办理工作
	环境检测	1.协助企业/园区和监测单位完成环保监测计划编制；负责审核环保检测合同等前期准备工作； 2.指导、帮助企业/园区环保检测的实施，并提取检测报告； 3.协助企业/园区掌握和了解自动在线监控运行情况； 4.为企业/园区提供环境检测服务
	环境管理	1.指导、帮助企业/园区完成排污总量核算工作，协同环保部门完成对企业/园区排污总量核算工作； 2.指导、帮助企业/园区完成排污申报登记和日常业务报表办理及排污费缴纳工作； 3.指导、帮助企业/园区完成排污许可证申请、审核和年审工作； 4.指导、帮助企业/园区完成环保档案资料收集整理和管理工作
	环保风控	1.指导、帮助企业/园区做好环境信息公开工作，帮助企业/园区审核环境信息公开项目和内容及相关数据资料； 2.指导、帮助企业/园区完成环境信用风险防控工作，审核上报环境信用数据资料； 3.指导、帮助企业/园区完成突发环境事件隐患排查工作
运行服务	设施运行	1.指导、帮助企业/园区筛选环境污染治理设施（设备技术）建设（供货）单位，协助收集完成编制环境污染治理设施（设备技术）可行性方案资料和数据采集，协调做好项目建设（改扩建）前期准备工作； 2.协同企业/园区监督建设单位保质保量按时完成项目建设（改扩建）任务，并协助完成竣工验收； 3.协同企业/园区建立、完善污染治理设施运行管理制度； 4.指导、帮助企业/园区实施污染治理设施监管和日常巡视检查，对环保设施运行规范化监管； 5.指导、帮助企业/园区应对环保部门督查及整改； 6.及时发现并报告环境污染处理设施运行故障及存在问题，协助企业/园区做好设施维护保养工作
定制服务	清洁生产顾问	1.污染物治理、处置优化指导； 2.绿色供应链构建咨询； 3.最新清洁生产工艺方案咨询

续表

服务等级	项目	服务内容
定制服务	环境风险评估顾问	1.指导、帮助企业/园区筛选编制环境风险评估报告单位，协助完成报告资料和数据采集，协调做好环境风险评估前期准备工作； 2.配合企业/园区完成环境风险评估工作； 3.协同企业/园区完成突发环境事件隐患排查和控制工作； 4.协助企业/园区组织环保应急演练
	ISO 14001环境管理体系认证运行顾问	1.指导、协助企业/园区建立、完善ISO 14001环境管理体系； 2.协同企业/园区组织ISO 14001环境管理体系维护运行（协助企业建立、维护运行ISO 14001管理体系）
	绿色环保产品标志认证顾问	1.指导、帮助企业/园区筛选绿色环保产品标志认证服务单位，协助企业/园区收集完成绿色环保产品标志认证资料和数据采集，协调做好绿色环保产品标志认证前期准备工作； 2.配合企业/园区完成绿色环保产品标志认证工作； 3.协同企业/园区绿色环保产品标志认证年审核工作
	环保专项资金申报	1.指导企业/园区完成环保专项资金申报材料和各项准备工作； 2.协同企业/园区完成环保专项资金申报资格审核和审批工作； 3.协同企业/园区完成环保专项资金项目验收工作
	绿色信贷	1.指导企业/园区完成绿色信贷申报材料和各项准备工作； 2.协同企业/园区完成绿色信贷申报资格审核和审批工作

第二部分

常规服务篇

第二章
排污许可申领服务

　　排污许可是指环境保护主管部门依据排污单位的申请和承诺，通过发放排污许可证法律文书形式，依法依规规范和限制排污单位排污行为并明确环境管理要求，依据排污许可证对排污单位实施监管执法的环境管理制度。

 第一节 排污许可执行要求

 排污许可执行范围

　　纳入固定污染源排污许可分类管理名录的企业事业单位和其他生产经营者（以下简称排污单位）应当按照规定的时限申请并取得排污许可证；未纳入固定污染源排污许可分类管理名录的排污单位，暂不需申请排污许可证。

 排污许可管理要求

　　① 排污单位应当依法持有排污许可证，并按照排污许可证的规定排放污染物。应当取得排污许可证而未取得的，不得排放污染物。

　　② 对污染物产生量大、排放量大或者环境危害程度高的排污单位实行排污许可重点管理，对其他排污单位实行排污许可简化管理。

　　③ 同一法人单位或者其他组织所属、位于不同生产经营场所的排污单位，应当以其所属的法人单位或者其他组织的名义，分别向生产经营场所所在地有

核发权的环境保护主管部门（以下简称核发环保部门）申请排污许可证。

生产经营场所和排放口分别位于不同行政区域时，生产经营场所所在地核发环保部门负责核发排污许可证，并应当在核发前，征求其排放口所在地同级环境保护主管部门意见。

④ 排污单位应当按照排污许可证规定，安装或者使用符合国家有关环境监测、计量认证规定的监测设备，按照规定维护监测设施，开展自行监测，保存原始监测记录。

实施排污许可重点管理的排污单位，应当按照排污许可证规定安装自动监测设备，并与环境保护主管部门的监控设备联网。

对未采用污染防治可行技术的，应当加强自行监测，评估污染防治技术达标可行性。

⑤ 排污单位应当按照排污许可证中关于台账记录的要求，根据生产特点和污染物排放特点，按照排污口或者无组织排放源进行记录。记录主要包括以下内容：

a.与污染物排放相关的主要生产设施运行情况；发生异常情况的，应当记录原因和采取的措施。

b.污染防治设施运行情况及管理信息；发生异常情况的，应当记录原因和采取的措施。

c.污染物实际排放浓度和排放量；发生超标排放情况的，应当记录超标原因和采取的措施。

d.其他按照相关技术规范应当记录的信息。

台账记录保存期限不少于三年。

⑥ 污染物实际排放量按照排污许可证规定的废气、污水的排污口、生产设施或者车间分别计算，依照下列方法和顺序计算：

a.依法安装使用了符合国家规定和监测规范的污染物自动监测设备的，按照污染物自动监测数据计算；

b.依法不需安装污染物自动监测设备的，按照符合国家规定和监测规范的污染物手工监测数据计算；

c.不能按照本条a、b规定的方法计算的，包括依法应当安装而未安装污染物自动监测设备或者自动监测设备不符合规定的，按照生态环境部规定的产排污系数、物料衡算方法计算。

⑦ 排污单位应当按照排污许可证规定的关于执行报告内容和频次的要求，

编制排污许可证执行报告。

⑧ 排污单位应当对提交的台账记录、监测数据和执行报告的真实性、完整性负责，依法接受环境保护主管部门的监督检查。

第二节 排污许可证的内容与申领

排污许可证内容

① 排污许可证由正本和副本构成，正本载明基本信息，副本包括基本信息、登记事项、许可事项、承诺书等内容。

设区的市级以上地方环境保护主管部门可以根据环境保护地方性法规，增加需要在排污许可证中载明的内容。

② 以下基本信息应当同时在排污许可证正本和副本中载明：

a.排污单位名称、注册地址、法定代表人或者主要负责人、技术负责人、生产经营场所地址、行业类别、统一社会信用代码等排污单位基本信息；

b.排污许可证有效期限、发证机关、发证日期、证书编号和二维码等基本信息。

③ 以下登记事项由排污单位申报，并在排污许可证副本中记录：

a.主要生产设施、主要产品及产能、主要原辅材料等；

b.产排污环节、污染防治设施等；

c.环境影响评价审批意见、依法分解落实到本单位的重点污染物排放总量控制指标、排污权有偿使用和交易记录等。

④ 下列许可事项由排污单位申请，经核发环保部门审核后，在排污许可证副本中进行规定：

a.排放口位置和数量、污染物排放方式和排放去向等，大气污染物无组织排放源的位置和数量；

b.排放口和无组织排放源排放污染物的种类、许可排放浓度、许可排放量；

c.取得排污许可证后应当遵守的环境管理要求；

d.法律法规规定的其他许可事项。

⑤ 核发环保部门应当根据国家和地方污染物排放标准，确定排污单位排放口或者无组织排放源相应污染物的许可排放浓度。

排污单位承诺执行更加严格的排放浓度的，应当在排污许可证副本中规定。

⑥ 核发环保部门按照排污许可证申请与核发技术规范规定的行业重点污染物允许排放量核算方法，以及环境质量改善的要求，确定排污单位的许可排放量。

⑦ 下列环境管理要求由核发环保部门根据排污单位的申请材料、相关技术规范和监管需要，在排污许可证副本中进行规定：

a.污染防治设施运行和维护、无组织排放控制等要求；

b.自行监测要求、台账记录要求、执行报告内容和频次等要求；

c.排污单位信息公开要求；

d.法律法规规定的其他事项。

⑧ 排污单位在申请排污许可证时，应当按照自行监测技术指南，编制自行监测方案。

自行监测方案应当包括以下内容：

a.监测点位及示意图、监测指标、监测频次；

b.使用的监测分析方法、采样方法；

c.监测质量保证与质量控制要求；

d.监测数据记录、整理、存档要求等。

⑨ 排污单位在填报排污许可证申请时，应当承诺排污许可证申请材料是完整、真实和合法的；承诺按照排污许可证的规定排放污染物，落实排污许可证规定的环境管理要求，并由法定代表人或者主要负责人签字或者盖章。

⑩ 排污许可证自作出许可决定之日起生效。首次发放的排污许可证有效期为三年，延续换发的排污许可证有效期为五年。

对列入国务院经济综合宏观调控部门会同国务院有关部门发布的产业政策目录中计划淘汰的落后工艺装备或者落后产品，排污许可证有效期不得超过计划淘汰期限。

 排污许可证的申请

① 在固定污染源排污许可分类管理名录规定的时限前已经建成并实际

排污的排污单位，应当在名录规定时限申请排污许可证；在名录规定的时限后建成的排污单位，应当在启动生产设施或者在实际排污之前申请排污许可证。

② 实行重点管理的排污单位在提交排污许可申请材料前，应当将承诺书、基本信息以及拟申请的许可事项向社会公开。公开途径应当选择包括全国排污许可证管理信息平台等便于公众知晓的方式，公开时间不得少于五个工作日。

③ 排污单位应当在全国排污许可证管理信息平台上填报并提交排污许可证申请，同时向核发环保部门提交通过全国排污许可证管理信息平台印制的书面申请材料。

申请材料应当包括：

a.排污许可证申请表，主要内容包括：排污单位基本信息，主要生产设施、主要产品及产能、主要原辅材料，废气、废水等产排污环节和污染防治设施，申请的排放口位置和数量、排放方式、排放去向，按照排放口和生产设施或者车间申请的排放污染物种类、排放浓度和排放量，执行的排放标准；

b.自行监测方案；

c.由排污单位法定代表人或者主要负责人签字或者盖章的承诺书；

d.排污单位有关排污口规范化的情况说明；

e.建设项目环境影响评价文件审批文号，或者按照有关国家规定经地方人民政府依法处理、整顿规范并符合要求的相关证明材料；

f.排污许可证申请前信息公开情况说明表；

g.污水集中处理设施的经营管理单位还应当提供纳污范围、纳污排污单位名单、管网布置、最终排放去向等材料；

h.排污许可管理办法（试行）实施后的新建、改建、扩建项目排污单位存在通过污染物排放等量或者减量替代削减获得重点污染物排放总量控制指标情况的，且出让重点污染物排放总量控制指标的排污单位已经取得排污许可证的，应当提供出让重点污染物排放总量控制指标的排污单位的排污许可证完成变更的相关材料；

i.法律法规规章规定的其他材料。

主要生产设施、主要产品产能等登记事项中涉及商业秘密的，排污单位应当进行标注。

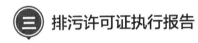

三 排污许可证执行报告

排污许可证执行报告包括年度执行报告、季度执行报告和月执行报告。

排污单位应当每年在全国排污许可证管理信息平台上填报、提交排污许可证年度执行报告并公开，同时向核发环保部门提交通过全国排污许可证管理信息平台印制的书面执行报告。书面执行报告应当由法定代表人或者主要负责人签字或者盖章。

① 季度执行报告和月执行报告至少应当包括以下内容：

a.根据自行监测结果说明污染物实际排放浓度和排放量及达标判定分析；

b.排污单位超标排放或者污染防治设施异常情况的说明。

② 年度执行报告可以替代当季度或者当月的执行报告，并增加以下内容：

a.排污单位基本生产信息；

b.污染防治设施运行情况；

c.自行监测执行情况；

d.环境管理台账记录执行情况；

e.信息公开情况；

f.排污单位内部环境管理体系建设与运行情况；

g.其他排污许可证规定的内容执行情况等。

建设项目竣工环境保护验收报告中与污染物排放相关的主要内容，应当由排污单位记载在该项目验收完成当年排污许可证年度执行报告中。

排污单位发生污染事故排放时，应当依照相关法律法规规章的规定及时报告。

第三章
环境监理服务

建设项目环境监理是指社会化、专业化的工程环境监理单位，在接受工程建设项目业主的委托和授权之后，根据国家批准的工程项目建设文件，有关环境保护、工程建设的法律法规和工程环境监理合同以及其他工程建设合同，针对工程建设项目所进行的旨在实现工程建设项目环保目标的微观性监督管理活动。

第一节 01 开展环境监理的建设项目类型、依据

近年来，随着我国国民经济的快速发展，建设项目的数量明显上升，环境监管任务十分繁重。个别建设项目在建设过程中环保措施和设施"三同时"落实不到位、未经批准建设内容擅自发生重大变动等违法违规现象仍有发生，由此有可能引发环境污染和生态破坏事件，有些环境影响不可逆转，有些环保措施难以补救。各级环境保护主管部门现有监管力量还需进一步加强，有时难以对所有建设项目进行全面的"三同时"监督检查和日常检查，使得个别项目建设过程中产生的环境问题在投产后集中体现，给环保验收管理带来很大压力。通过推行建设项目环境监理，有利于实现建设项目环境管理由事后管理向全过程管理的转变，由单一环保行政监管向行政监管与建设单位内部监管相结合的转变，对于促进建设项目全面、同步落实环评提出的各项环保措施具有重要意义。

一 开展环境监理的建设项目类型

① 各级环境保护行政主管部门在审批下列建设项目环境影响评价文件时，

应要求开展建设项目环境监理：

a.涉及饮用水源、自然保护区、风景名胜区等环境敏感区的建设项目；

b.环境风险高或污染较重的建设项目，包括石化、化工、火力发电、农药、医药、危险废物（含医疗废物）集中处置、生活垃圾集中处置、水泥、造纸、电镀、印染、钢铁、有色及其他涉及重金属污染物排放的建设项目；

c.施工期环境影响较大的建设项目，包括水利水电、煤矿、矿山开发、石油天然气开采及集输管网、铁路、公路、城市轨道交通、码头、港口等建设项目；

d.环境保护行政主管部门认为需开展环境监理的其他建设项目。各省级环境保护行政主管部门可根据本辖区建设项目行业和区域环境特点，进一步明确需要开展环境监理的建设项目类型。

② 建设项目环境监理除按相关技术规范和规定要求开展外，还应对如下内容予以高度关注：

a.建设项目设计和施工过程中，项目的性质、规模、选址、平面布置、工艺及环保措施是否发生重大变动；

b.主要环保设施与主体工程建设的同步性；

c.环境风险防范与事故应急设施与措施的落实，如事故池；

d.与环保相关的重要隐蔽工程，如防腐防渗工程；

e.项目建成后难以或不可补救的环保措施和设施，如过鱼通道；

f.项目建设和运行过程中可能产生不可逆转的环境影响的防范措施和要求，如施工作业对野生动植物的保护措施；

g.项目建设和运行过程中与公众环境权益密切相关、社会关注度高的环保措施和要求，如防护距离内居民搬迁；

h."以新带老"、落后产能淘汰等环保措施和要求。

 建设项目开展环境监理的依据

建设项目环境监理单位应按照以下文件的要求开展环境监理工作。

1.国家和地方有关法律法规

包括《建设项目环境保护管理条例》《建设项目竣工环境保护验收暂行办

法》以及地方有关环境保护的法规、规章、制度等。

2. 国家有关环境保护标准

在建设项目环境监理中,应按照有关环境保护标准要求开展工作。包括项目涉及的水、气、声、渣有关污染物排放标准、控制标准、监测的方法方式等。

3. 项目环境影响评价报告

经环境保护行政主管部门批准通过的项目环境影响评价报告,即项目环境影响评价报告书,或者报告表、登记表,以及有关专章等。

建设项目环境监理工作,主要就是要根据项目环境影响评价文件中环境保护的要求,落实环评报告中的具体措施得到切实的执行。

4. 环境保护行政主管部门的批复意见

包括环境保护行政主管部门对项目环境影响评价报告文件等的批复意见。

5. 项目的环保设计文件

即在环保行政主管部门进行备案的建设项目环保设计图说,或者工程设计文件中的环境保护专章。

6. 工程环境监理合同及工程承包合同

即业主与工程总承包单位、环境监理单位签订的合同。

第二节 环境监理工作流程、内容、方法

建设项目环境监理单位的主要功能包括:受建设单位委托,承担全面核实设计文件与环评及其批复文件的相符性任务;依据环评及其批复文件,督查项目施工过程中各项环保措施的落实情况;组织建设期环保宣传和培训,指导施工单位落实好施工期各项环保措施,确保环保"三同时"的有效执行,以驻

场、旁站或巡查方式实行监理；发挥环境监理单位在环保技术及环境管理方面的业务优势，搭建环保信息交流平台，建立环保沟通、协调、会商机制；协助建设单位配合好环保部门的"三同时"监督检查、建设项目环保试生产审查和竣工环保验收工作。

 环境监理工作流程

环境监理工作流程见图3.1。

 环境监理工作内容

1. 前期准备阶段主要工作内容

① 环境监理单位收集环境影响评价文件及批复等相关文件，进行首次现场踏勘；

② 与建设单位签订环境监理合同，组建环境监理项目部；

③ 通过研读环境影响评价文件及批复，结合首次现场踏勘情况，编制环境监理实施方案，指导环境监理工作。

2. 设计阶段主要工作内容

① 收集项目相关设计资料，对项目设计文件与环境影响评价文件及批复的符合性进行核查，并根据核查结果提出环境监理建议；

② 依据设计文件核查结果，编制设计阶段环境监理报告。

3. 施工阶段主要工作内容

① 对施工组织设计进行环保审核，在施工单位入场后，组织召开环境监理首次工地会议，向建设施工单位进行环境保护工作交底，明确环境监理关注点与监理要求，建立沟通网络；

② 开展施工期环境监理工作，对主体工程、配套环保措施、环境风险防范措施、与环保相关的隐蔽工程、生态保护措施、施工期污染防治措施与环境影响评价文件及批复的符合性进行现场监理，编制施工阶段环境监理报告。

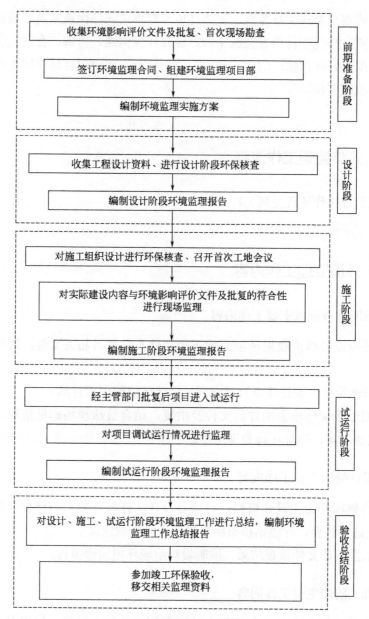

图3.1 环境监理工作流程

4. 试运行阶段主要工作内容

项目取得试运行批复后，对主体工程、配套环保设施的调试运行情况，环保管理制度、事故应急预案的执行情况等进行监理，在主体工程达到验收工况、配套环保设施正常运后，编制试运行阶段环境监理报告。

5. 验收总结阶段主要工作内容

① 对设计、施工、试运行三个阶段的监理情况进行总结，编制环境监理工作总结报告，作为项目竣工环保验收的技术材料之一；

② 参加项目竣工环境保护验收会议，验收通过后，向建设单位移交环境监理档案资料。

 环境监理工作方法

1. 核查

依据环评及批复内容，核查建设项目设计文件、施工方案、实际建设内容等变化情况，重点关注项目建设内容、选址选线、污染防治措施、生态恢复措施的符合情况。

2. 监督检查

监理人员根据环境监理实施方案制订的工作计划，通过现场巡查、旁站、监测等方式对正在施工的部位或工序进行监督检查，重点关注环保措施及设施的施工组织与落实情况，以及取得的环保效果，这是环境监理的主要工作方法。

3. 发布指令

环境监理人员在环境监理过程中通过发布监理通知单、项目暂停通知、工作联系单等形式对发现的问题及需要沟通解决的事项，向施工单位发出纠正、整改或停工指令等。环境监理发布指令后，施工单位拒不执行的，环境监理单位应上报建设单位。

4. 记录

是指环境监理单位在实施监督检查过程中，对现场环境状况、环境保护等情况的记录，一般包括现场环境情况描述、环境监测数据、环境保护措施落实情况等。记录形式包括文字、数据、影像等。

5. 报告

是指环境监理单位对某一阶段或某一专题环境监理情况，向建设单位或环境保护管理部门报告。对于建设项目施工或试运行过程中出现的重大环境问题，环境监理单位应配合建设单位、施工单位在调查研究基础上，共同编制环境监理专题报告。对不符合情况拒不整改的，由建设单位协调处理，不能妥善处理时应报告当地环境保护管理部门。

6.宣传培训

环境监理单位协助建设单位对各施工单位有关人员开展环境保护培训，通过培训和宣传教育以提高和统一项目施工单位和人员的环境保护意识，在项目建设中促使其主动落实环境保护要求。

第三节 环境监理实施方案

一 环境监理实施方案编制和提交

环境监理实施方案作为开展环境监理工作的指导性文件，应在开展环境监理工作前完成编制。环境监理实施方案应明确项目的环境监理范围、监理时段，所采取的监理方法、制度等，按要求向建设单位和环境保护管理部门提交。

二 环境监理实施方案内容

1.总则

总则内容包括以下四点：

① 项目背景：项目来由，环境影响评价文件审批情况，项目进展情况，委托环境监理的时间。

② 环境监理工作范围：包括项目建设区域和受施工期影响的区域。

③ 主要环境保护目标：根据环评文件和现场踏勘情况，按照实际情况说明。

④ 环境监理依据。

2. 项目概况

项目概况主要包括项目基本情况、项目进展情况、环境影响评价文件及批复要求三个方面。

① 项目基本情况包括地理位置与主要建设内容两方面：地理位置包括项目建设位置，周边关系（附图），建设地点现状（附图）等；主要建设内容包括项目建设规模，主体构筑物建设内容及主要参数，主要生产设备数量及参数，新建项目和现有项目的依托关系等。

② 项目进展情况：主要介绍环境监理接受委托时项目进展情况，包括设计情况、施工情况等。

③ 环境影响评价文件及批复要求：重点描述环境影响评价文件及批复中项目主要建设内容、环保"三同时"、环境风险防范措施、生态保护措施等相关要求。

3. 环境监理工作要点

① 设计阶段环境监理工作要点：对设计文件中项目选址、平面布置、生产工艺、建设规模、设备选型、环保措施等与环评文件及其批复要求的符合性进行核查，明确核查内容及工作方式。

② 施工阶段环境监理工作要点：对施工过程中项目建设地点、平面布置、生产工艺、建设规模、设备选型、环保措施、施工期污染防治措施等进行监理，明确监理内容及工作方式。

③ 试运行阶段环境监理工作要点：对试运行过程中主体工程、配套环保设施运行情况进行监理，关注生态保护措施落实情况和非正常工况下的环保措施的执行情况，明确监理内容及工作方式。

4. 环境监理机构设置

明确项目环境监理机构的人员组成、岗位、职责。

5. 环境监理工作程序

宜采用流程图的形式体现环境监理的工作程序。

6. 环境监理质量保证体系

包括投入项目的监理设备、监理工作制度、质量控制制度等。

7. 环境监理主要成果文件

整个环境监理过程中需向建设单位、环境保护管理部门提交的文字、影像等资料名称汇总。

8. 附图、附件

附图：地理位置图、周边关系图、平面布置图等。

附件：环评批复文件、附表等。

第四章
建设项目竣工环境保护验收服务

建设项目竣工环境保护验收是指建设项目竣工后，按照《建设项目竣工环境保护验收暂行办法》规定的程序和标准，建设单位自主开展组织对配套建设的环境保护设施进行验收，依据环境保护验收监测或调查结果，并通过现场检查等手段，考核建设项目是否达到环境保护要求。

第一节　建设项目竣工环境保护验收要求

　适用范围

建设项目竣工环境保护适用于编制环境影响报告书（表）并根据环保法律法规的规定由建设单位实施环境保护设施竣工验收的建设项目以及相关监督管理。

　主要依据

建设项目竣工环境保护验收的主要依据包括：
① 建设项目环境保护相关法律、法规、规章、标准和规范性文件；
② 建设项目竣工环境保护验收技术规范；
③ 建设项目环境影响报告书（表）及审批部门审批决定。

 **分类管理**

建设单位是建设项目竣工环境保护验收的责任主体，应公示相关信息，接受社会监督，确保建设项目需要配套建设的环境保护设施与主体工程同时投产或者使用，并对验收内容、结论和所公开信息的真实性、准确性和完整性负责。以排放污染物为主的建设项目，参照《建设项目竣工环境保护验收技术指南 污染影响类》编制验收监测报告；主要对生态造成影响的建设项目，按照《建设项目竣工环境保护验收技术规范 生态影响类》编制验收调查报告；火力发电、石油炼制、水利水电、核与辐射等已发布行业验收技术规范的建设项目，按照行业验收技术规范编制验收监测报告或者验收调查报告。

建设单位不具备编制验收监测（调查）报告能力的，可以委托有能力的技术机构编制。建设单位对受委托的技术机构编制的验收监测（调查）报告结论负责。建设单位与受委托的技术机构之间的权利义务关系，以及受委托的技术机构应当承担的责任，可以通过合同形式约定。

四 验收监测与调查标准选用的原则

① 依据国家、地方环境保护主管部门对建设项目环境影响评价批复的环境质量标准和排放标准。如环评未做具体要求，应核实污染物排放受纳区域的环境区域类别、环境保护敏感点所处地区的环境功能区划情况，套用相应的执行标准（包括级别或类别）。环境质量标准仅用于考核环境保护敏感点环境质量达标情况，有害物质限值由建设项目环境保护敏感点所处环境功能区确定。

② 依据地方环境保护主管部门有关环境影响评价执行标准的批复以及下达的污染物排放总量控制指标。

③ 依据建设项目初步设计环保篇章中确定的环保设施的设计指标：处理效率，处理能力，环保设施进、出口污染物浓度，排气筒高度等。对既是环保设施又是生产环节的装置，工程设计指标可作为环保设施的设计指标。

④ 环境监测方法应选择与环境质量标准、排放标准相配套的方法。若质量标准、排放标准未做明确规定，应首选国家或行业标准监测分析方法，其次选发达国家的标准方法或权威书籍、杂志登载的分析方法。

⑤ 综合性排放标准与行业排放标准不交叉执行。如国家已经有行业污染物排放

标准的，应按行业污染物排放标准执行；有地方环境标准的，优先执行地方标准。

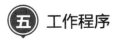 **工作程序**

　　验收调查工作程序包括准备、初步调查、编制实施方案、详细调查、编制调查报告（表）五个阶段，国家审批建设项目实施方案已不是必需的审查阶段，但从工作需求角度来说，是必不可少的工作程序（图4.1）。

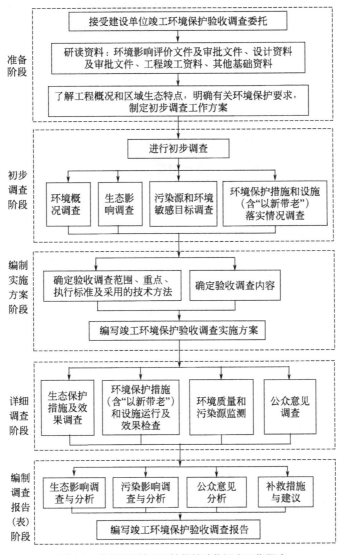

图4.1　建设项目竣工环境保护验收调查工作程序

建设项目竣工环境保护验收内容

 验收监测与调查的内容范围

建设项目竣工环境保护验收监测与调查主要包括下述内容：

① 检查建设项目环境管理制度的执行和落实情况，各项环保设施或工程的实际建设、管理、运行状况以及各项环保治理措施的落实情况。

② 监测分析评价治理设施处理效果或治理工程的环境效益。

③ 监测分析建设项目废水、废气、固体废物等排放达标情况和噪声达标情况。

④ 监测必要的环境保护敏感点的环境质量。

⑤ 监测统计国家规定的总量控制污染物排放指标的达标情况。

⑥ 调查分析评价生态保护以及环境敏感目标保护措施情况。

 验收监测与调查的主要内容

1. 环境保护管理检查

根据《建设项目环境保护管理条例》和《建设项目竣工环境保护验收管理办法》，检查内容确定为以下几部分：

① 建设项目从立项到试生产各阶段执行环境保护法律、法规、规章制度的情况；

② 环境保护审批手续及环境保护档案资料；

③ 环保组织机构及规章管理制度；

④ 环境保护设施建成及运行记录；

⑤ 环境保护措施落实情况及实施效果；

⑥ "以新带老" 环保要求的落实；

⑦ 环境保护监测计划的落实情况，包括监测机构设置、人员配置、监测计划和仪器设备；

⑧ 排污口规范化、污染源在线监测仪的安装，测试情况检查；

⑨ 事故风险的环保应急计划，包括人员、物资配备、防范措施、应急处置等；

⑩ 施工期、试运行期扰民现象的调查；

⑪ 固体废物种类、产生量、处理处置情况、综合利用情况；

⑫ 按行业特点确定的检查内容，诸如清洁生产、污染物总量控制、拆迁安置影响（包括移民）、海洋生态影响等调查内容。

2. 环境保护设施运行效果测试

主要考察原设计或环境影响评价中要求建设的处理设施的整体处理效率。涉及以下领域的环境保护设施或设备均应进行运行效率监测：

① 各种废水处理设施的处理效率；

② 各种废气处理设施的处理效率；

③ 工业固（液）体废物处理设施的处理效率；

④ 用于处理其他污染的处理设施的处理效率，如噪声、振动、电磁等。

3. 污染物达标排放监测

以下污染物外排口应进行达标排放监测：

① 排放到环境中的废水（包括生产污水、清净下水和生活污水）；

② 排放到环境中的各种废气（包括工艺废气及供暖、食堂等生活设施废气）；

③ 排放到环境中的各种有毒有害工业固（液）体废物及其浸出液；

④ 厂界噪声（必要时测定对噪声源及敏感点的噪声），公路、铁路及城市轨道交通噪声，码头、航道噪声，机场周围飞机噪声；

⑤ 建设项目的无组织排放；

⑥ 国家规定总量控制污染物指标的污染物排放总量。

4. 环境敏感点环境质量的监测

主要针对环境影响评价及其批复中所涉及的环境敏感目标。监测以建设项目投运后，环境敏感目标能否达到相应环境功能区所确定的环境质量标准为主，主要考虑以下几方面：

① 环境敏感目标的环境地表水、地下水和海水质量；

② 环境敏感目标的环境空气质量；

③ 环境敏感目标的声环境质量；

④ 环境敏感目标的土壤环境质量；

⑤ 环境敏感目标的环境振动；

⑥ 环境敏感目标的电磁环境。

5. 生态调查的主要内容

① 建设项目在施工、运行期落实环境影响评价文件、初步设计文件以及行业主管部门、各级环境保护主管部门批复文件所提生态保护措施的情况；

② 建设项目已采取的生态保护、水土保持措施实施效果；

③ 开展公众意见调查，了解公众对项目建设期、施工期、运营期环境保护工作的满意度，对当地经济、社会、生活的影响；

④ 针对建设项目已产生的环境影响或潜在的环境影响提出补救措施或应急措施。

6. 清洁生产调查

主要调查环境影响评价文件及批复文件所要求的清洁生产指标落实情况，如：

① 单位产品耗新鲜水量及废水回用率；

② 固体废物资源化利用率；

③ 单位产品能耗指标及清洁能源替代要求；

④ 单位产品污染物产生量指标等。

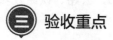 验收重点

1. 核查验收范围

对照原环境影响评价批复文件及设计文件检查核实建设项目工程组成，包括建设内容、规模及产品、生产能力、工程量、占地面积等实际建设与变更情况。

核实建设项目环境保护设施建成及环保措施落实情况，确定环境保护验收的主要对象。包括为满足总量控制要求，区域内落后生产设备的淘汰、拆除、

关停情况；落实"以新带老"，落后工艺改进及老污染源的治理情况等。

核查建设项目周围是否存在环境敏感区，确定必须进行的环境质量调查与监测。

2. 确定验收标准

污染物达标排放、环境质量达标和总量控制满足要求是建设项目竣工环境保护验收达标的主要依据。建设项目竣工环境保护验收原则上采用建设项目环境影响评价阶段经环境保护部门确认的环境保护标准与环境保护设施工艺指标作为验收标准，对已修订、新颁布的环境保护标准应提出验收后按新标准进行达标考核的建议。

3. 核查验收工况

按项目产品及中间产品产量、原料、物料消耗情况，主体工程运行负荷情况等，核查建设项目竣工环境保护验收监测期间的工况条件。

4. 核查验收监测（调查）结果

核查建设项目环境保护设施的设计指标，判定建设项目环境保护设施运转效率和企业内部污染控制水平如何。重点核查建设项目外排污染物的达标排放情况，主要污染治理设施运行及设计指标的达标情况，污染物排放总量控制情况，敏感点环境质量达标情况，清洁生产考核指标达标情况，有关生态保护的环境指标（植被覆盖率、水土流失率）的对比评价结果等。

5. 核查验收环境管理

环境管理检查涵盖了验收监测（调查）非测试性的全部内容，包括：建设单位在设计期、施工期执行相关的各项环保制度情况；落实环评及环评批复有关水土流失防治、噪声防治、生态保护等环保措施的情况；建成相应的环保设施的情况；建成投产后是否建立健全了环保组织机构及环境管理制度，污染治理设施是否正常稳定运行，污染物是否稳定达标排放；建设单位是否规范排污口、安装污染源在线监测仪、实施环境污染日常监测等。

6. 现场验收检查

按照建设项目布局特点或工艺特点，安排现场检查。内容主要包括水、气、声（振动）、固体废物污染源及其配套的处理设施、排污口的规范化，环境敏感目标及相应的监测点位，在线监测设备监测结果，水土保持、生态保护、自然景观恢复措施等的实施效果。

核查建设项目环境管理档案资料，内容包括：环保组织机构、各项环境管理规章制度、施工期环境监理资料、日常监测计划（监测手段、监测人员及实验室配备、检测项目及频次）等。

7. 风险事故环境保护应急措施检查

建设项目运行过程中，出现生产或安全事故，有可能造成严重环境污染或损害的，验收工作中应对其风险防范预案和应急措施进行检查，检查内容还应包括应急体系、预警、防范措施、组织机构、人员配置和应急物资准备等。

8. 验收结论

依据建设项目竣工环境保护验收监测（调查）结论，结合现场检查情况，对主要监测（调查）结果符合环保要求的，提出给予通过验收的建议；对主要监测结果不符合要求或重大生态保护措施未落实的，提出限期整改的建议。限期改正完成后，另行监测或检查满足环境保护要求后给予通过；限期仍达不到要求的，则按法律程序由环保主管部门下达停产通知书。

 应注意的问题

1. 大气污染物排放口的考核

① 排放高度的考核：应严格对照建设项目环境影响报告书及批复的要求及行业标准和《大气污染物综合排放标准》的要求，核查其排放高度；

② 对有组织排放的点源：应对照行业要求，分别考核最高允许排放浓度及最高允许排放速率；

③ 对无组织排放的点源：应对照行业要求，考核监控点与参照点浓度差值或周界外最高浓度点浓度值；

④ 标准限值的确切含义：最高允许排放浓度及最高允许排放速率均指连续1h采样平均值或1h内等时间间隔采集样品平均值；

⑤ 实测浓度值的换算：燃煤电厂、锅炉、工业炉窑、饮食业油烟等实测烟尘、SO_2、NO_x、油烟等排放浓度应分别按标准要求换算为相应空气过剩系数、出力系数、炉型折算系数、掺风系数的值后再与标准值比较；

⑥ 标准的正确选用：分清工业炉窑标准、锅炉标准与火电标准、焚烧炉标准、危险废物焚烧标准的适用范围，正确选用标准。

2. 污水排放口的考核

① 对第一类污染物，不分行业和污水排放方式，也不分受纳水体的功能类别，一律在车间或车间处理设施排放口考核；

② 对清净下水排放口，原则上应执行污水综合排放标准（其他行业排放标准有要求的除外）；

③ 总排口可能存在稀释排放的污染物，在车间排放口或针对性治理设施排放口以排放标准加以考核（如电厂含油污水），外排口以排放标准进一步考核；

④ 对其他：应重点考核与外环境发生关系的总排污口污染物排放浓度及吨产品最高允许排水量（部分行业），其中的浓度限值以日均值计，吨产品最高允许排水量以月均值计；

⑤ 废水混合排放口以计算的混合排放浓度限值考核；

⑥ 同一建设单位的不同污水排放口可执行不同的标准；

⑦ 检查排污口的规范化建设。

3. 噪声考核

① 厂界噪声背景值修正：根据各厂界评价点背景值修正后得出各厂界监测点噪声排放值；

② 昼夜等效声级的计算：由于噪声在夜间比昼间影响大，故计算昼夜等效声级时，需要将夜间等效声级加上 10 dB 后再计算。

4. 指标考核

① 设计指标的考核：按环境影响报告书和设计文件规定的指标考核环境保护设施处理效率，处理设施进、出口浓度控制指标；

② 内控制指标的考核：按企业内部管理或设计文件确定的考核指标，

考核不同装置或设施处理的污水在与其他污水混合前或处理前的浓度及流量等。

5. 监测结果的评价

使用标准对监测结果进行评价时，应严格按照标准指标进行评价。如：污水综合排放标准是按污染物的日均浓度进行评价的；水环境质量标准则按季度、月均值进行评价；大气污染物综合排放标准是按监测期间污染物最高排放浓度进行评价的。

第三部分

定制服务篇

第五章
环境影响评价服务

　　环境影响评价是针对人类的生产或生活行为（包括立法、规划和开发建设活动等）可能对环境造成的影响，在环境质量现状监测和调查的基础上，运用模式计算、类比分析等技术手段进行分析、预测和评估，提出预防和减缓不良环境影响措施的技术方法。1979 年颁布的《中华人民共和国环境保护法（试行）》，首次确立了环境影响评价的法律地位，1989 年颁布的《中华人民共和国环境保护法》对环境影响评价的法律地位进行了重申。随着环境影响评价制度在预防和减轻环境污染和生态破坏中发挥的作用日益明显，我国于 2002 年颁布并于 2003 年实施了《中华人民共和国环境影响评价法》。2009 年 8 月，国务院颁布了《规划环境影响评价条例》，这是我国环境立法的重大进展，标志着环境保护参与综合决策进入了新阶段。按照评价对象，环境影响评价可以分为规划环境影响评价和建设项目环境影响评价。

第一节　规划环境影响评价

 规划环境影响评价的适用范围

　　《中华人民共和国环境影响评价法》中对国务院有关部门、设区的市级以上地方人民政府及其有关部门组织编制的有关规划提出了开展规划环境影响评价的要求，这些规划主要分为三类：第一类是"一地"即土地利用的有关规划；第二类是"三域"即区域、流域及海域的建设开发利用规划；第三类是

"十个专项"即工业、农业、畜牧业、林业、能源、水利、交通、城市建设、旅游、自然资源开发的有关专项规划，又分为指导性规划和非指导性规划。

 规划环境影响评价要求

1. 规划环境影响评价的内容

规划编制机关应当在规划编制过程中对规划组织进行环境影响评价，应当分析、预测和评估以下内容：

① 规划实施可能对相关区域、流域、海域生态系统产生的整体影响；

② 规划实施可能对环境和人群健康产生的长远影响；

③ 规划实施的经济效益、社会效益与环境效益之间以及当前利益与长远利益之间的关系。

规划环境影响评价文件的具体形式有两类，即对综合性规划和专项规划中的指导性规划编写环境影响篇章或者说明，对其他专项规划编制环境影响报告书。

无论是篇章或说明还是环境影响报告书，都要求对规划实施后可能造成的环境影响做出分析、预测和评价（估），并且提出预防或者减轻不良环境影响的对策和措施，同时在专项规划的环境影响报告书中，还必须有环境影响评价的明确结论。

2. 规划环境影响评价的责任主体

环境影响评价篇章或者说明、环境影响报告书，由规划编制机关编制或者组织规划环境影响评价技术机构编制。规划编制机关应当对环境影响评价文件的质量负责。

3. 规划环境影响评价的依据

对规划进行环境影响评价，应当遵守有关环境保护标准以及环境影响评价技术导则和技术规范。

目前已发布实施的规划环境影响评价技术导则主要有《规划环境影响评价技术导则　总纲》（HJ 130—2014）、《规划环境影响评价技术导则　煤炭工业矿区总体规划》（HJ 463—2009）。

评价工作流程

规划环境影响评价工作流程见图5.1。

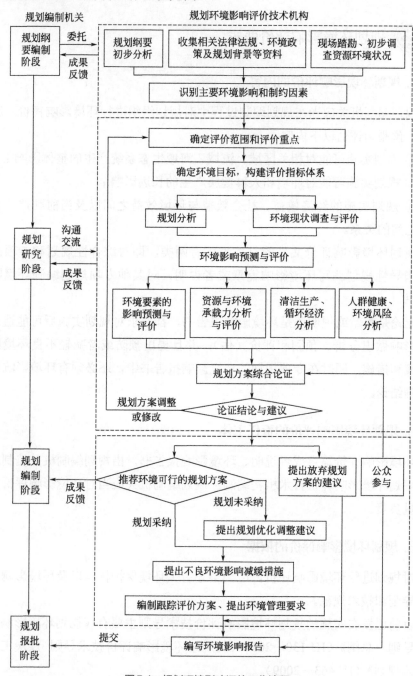

图5.1 规划环境影响评价工作流程

1. 在规划纲要编制阶段

通过对规划可能涉及内容的分析，收集与规划相关的法律、法规、环境政策和产业政策，对规划区域进行现场踏勘，收集有关基础数据，初步调查环境敏感区域的有关情况，识别规划实施的主要环境影响，分析提出规划实施的资源和环境制约因素，反馈给规划编制机关。同时，确定规划环境影响评价方案。

2. 在规划的研究阶段

评价可随着规划的不断深入，及时对不同规划方案实施的资源、环境、生态影响进行分析、预测和评估，综合论证不同规划方案的合理性，提出优化调整建议，反馈给规划编制机关，供其在不同规划方案的比选中参考与利用。

3. 在规划的编制阶段

① 应针对环境影响评价推荐的环境可行的规划方案，从战略和政策层面提出环境影响减缓措施。如果规划未采纳环境影响评价推荐的方案，还应重点对规划方案提出必要的优化调整建议。编制环境影响跟踪评价方案，提出环境管理要求，反馈给规划编制机关。

② 如果规划选择的方案资源环境无法承载、可能造成重大不良环境影响且无法提出切实可行的预防或减轻对策和措施，以及对可能产生的不良环境影响的程度或范围尚无法做出科学判断时，应提出放弃规划方案的建议，反馈给规划编制机关。

4. 在规划上报审批前

应完成规划环境影响报告书（规划环境影响篇章或说明）的编写与审查，并提交给规划编制机关。

 评价主要内容

1. 规划分析

规划分析应包括规划概述、规划的协调性分析和不确定性分析等。通过对多个规划方案具体内容的解析和初步评估，从规划与资源节约、环境保护等各项要求相协调的角度，筛选出备选的规划方案，并对其进行不确定性分析，给出可能导致环境影响预测结果和评价结论发生变化的不同情景，为后续的环境影响分析、预测与评价提供基础。

2. 现状调查与评价

① 通过调查与评价，掌握评价范围内主要资源的赋存和利用状况，评价生态状况、环境质量的总体水平和变化趋势，辨析制约规划实施的主要资源和环境要素。

② 现状调查与评价一般包括自然环境状况、社会经济概况、资源赋存与利用状况、环境质量和生态状况等内容。

③ 现状调查可充分收集和利用已有的历史（一般为一个规划周期，或更长时间段）和现状资料。

④ 对于尚未进行环境功能区或生态功能区划分的区域，可按照GB/T 15190、HJ/T 14、HJ/T 82或《生态功能区划暂行规程》中规定的原则与方法，先划定功能区，再进行现状评价。

3. 环境影响识别与评价指标体系构建

（1）环境影响识别

① 重点从规划的目标、规模、布局、结构、建设时序及规划包含的具体建设项目等方面，全面识别规划要素对资源和环境造成影响的途径与方式，以及影响的性质、范围和程度。

② 识别规划实施的有利影响或不良影响，重点识别可能造成的重大不良环境影响，包括直接影响、间接影响，短期影响、长期影响，各种可能发生的区域性、综合性、累积性的环境影响或环境风险。

③ 对于某些有可能产生具有难降解、易生物蓄积、长期接触对人体和生物产生危害作用的重金属污染物、无机和有机污染物、放射性污染物、微生物等的规划，还应识别规划实施产生的污染物与人体接触的途径、方式（如经皮肤、口或鼻腔等）以及可能造成的人群健康影响。

④ 对资源、环境要素的重大不良影响，可从规划实施是否导致区域环境功能变化、资源与环境利用严重冲突、人群健康状况发生显著变化三个方面进行分析与判断。

⑤ 通过环境影响识别，以图、表等形式，建立规划要素与资源、环境要素之间的动态响应关系，给出各规划要素对资源、环境要素的影响途径，从中筛选出受规划影响大、范围广的资源、环境要素，作为分析、预测与评价的重点内容。

（2）环境目标与评价指标确定

环境目标是开展规划环境影响评价的依据。评价指标是量化了的环境目标，一般首先将环境目标分解成环境质量、生态保护、资源利用、社会与经济环境等评价主题，再筛选确定表征评价主题的具体评价指标，并将现状调查与评价中确定的规划实施的资源与环境制约因素作为评价指标筛选的重点。

评价指标值的确定应符合相关产业政策，环境保护政策、法规和标准中规定的限值要求，如国内政策、法规和标准中没有的指标值也可参考国际标准确定；对于不易量化的指标可经过专家论证，给出半定量的指标值或定性说明。

4. 环境影响预测与评价

① 系统分析规划实施全过程对可能受影响的所有资源、环境要素的影响类型和途径，针对环境影响识别确定的评价重点内容和各项具体评价指标，按照规划不确定性分析给出的不同发展情景，进行同等深度的影响预测与评价，明确给出规划实施对评价区域资源、环境要素的影响性质、程度和范围，为提出评价推荐的环境可行的规划方案和优化调整建议提供支撑。

② 环境影响预测与评价一般包括规划开发强度的分析，对水环境（包括地表水、地下水、海水）、大气环境、土壤环境、声环境的影响，对生态系统完整性及景观生态格局的影响，对环境敏感区和重点生态功能区的影响，资源与环境承载能力的评估等内容。

③ 环境影响预测应充分考虑规划的层级和属性，依据不同层级和属性规划的决策需求，采用定性、半定量、定量相结合的方式进行。

5. 规划方案综合论证和优化调整建议

① 依据环境影响识别后建立的规划要素与资源、环境要素之间的动态响应关系，综合各种资源与环境要素的影响预测和分析、评价结果，论证规划的目标、规模、布局、结构等规划要素的合理性以及环境目标的可达性，动态判

定不同规划时段、不同发展情景下规划实施有无重大资源、生态、环境制约因素，详细说明制约的程度、范围、方式等，进而提出规划方案的优化调整建议和评价推荐的规划方案。

② 规划方案的综合论证包括环境合理性论证和可持续发展论证两部分内容。其中，前者侧重于从规划实施对资源、环境整体影响的角度，论证各规划要素的合理性；后者则侧重于从规划实施对区域经济、社会与环境效益贡献，以及协调当前利益与长远利益之间关系的角度，论证规划方案的合理性。

6. 环境影响减缓对策和措施

① 规划的环境影响减缓对策和措施是对规划方案中配套建设的环境污染防治、生态保护和提高资源能源利用效率措施进行评估后，针对环境影响评价推荐的规划方案实施后所产生的不良环境影响，提出的政策、管理或者技术等方面的建议。

② 环境影响减缓对策和措施应具有可操作性，能够解决或缓解规划所在区域已存在的主要环境问题，并使环境目标在相应的规划期限内可以实现。

③ 环境影响减缓对策和措施包括影响预防、影响最小化及对造成的影响进行全面修复补救等三方面的内容。

④ 如规划方案中包含有具体的建设项目，还应针对建设项目所属行业特点及其环境影响特征，提出建设项目环境影响评价的重点内容和基本要求，并依据本规划环境影响评价的主要评价结论提出相应的环境准入（包括选址或选线、规模、清洁生产水平、节能减排、总量控制和生态保护要求等）、污染防治措施建设和环境管理等要求。

7. 环境影响跟踪评价

① 对于可能产生重大环境影响的规划，在编制规划环境影响评价文件时，应拟定跟踪评价方案，对规划的不确定性提出管理要求，对规划实施全过程产生的实际资源、环境、生态影响进行跟踪监测。

② 跟踪评价取得的数据、资料和评价结果应能够为规划的调整及下一轮规划的编制提供参考，同时为规划实施区域的建设项目管理提供依据。

③ 跟踪评价方案一般包括评价的时段、主要评价内容、资金来源、管理

机构设置及其职责定位等。

8. 公众参与

① 对可能造成不良环境影响并直接涉及公众环境权益的专项规划，应当公开征求有关单位、专家和公众对规划环境影响报告书的意见。依法需要保密的除外。

② 公开的环境影响报告书的主要内容包括：规划概况、规划的主要环境影响、规划的优化调整建议和预防或者减轻不良环境影响的对策与措施、评价结论。

③ 公众参与可采取调查问卷、座谈会、论证会、听证会等形式进行。对于政策性、宏观性较强的规划，参与的人员可以规划涉及的部门代表和专家为主；对于内容较为具体的开发建设类规划，参与的人员还应包括直接环境利益相关群体的代表。

④ 处理公众参与的意见和建议时，对于已采纳的，应在环境影响报告书中明确说明修改的具体内容；对于不采纳的，应说明理由。

9. 评价结论

① 评价结论是对整个评价工作成果的归纳总结，应力求文字简洁、论点明确、结论清晰准确。

② 在评价结论中应明确给出：

a.评价区域的生态系统完整性和敏感性、环境质量现状和变化趋势，资源利用现状，明确对规划实施具有重大制约的资源、环境要素。

b.规划实施可能造成的主要生态、环境影响预测结果和风险评价结论，对水、土地、生物资源和能源等的需求情况。

c.规划方案的综合论证结论，主要包括规划的协调性分析结论、规划方案的环境合理性和可持续发展论证结论、环境保护目标与评价指标的可达性评价结论、规划要素的优化调整建议等。

d.规划的环境影响减缓对策和措施，主要包括环境管理体系构建方案、环境准入条件、环境风险防范与应急预案的构建方案、生态建设和补偿方案、规划包含的具体建设项目环境影响评价的重点内容和要求等。

e.跟踪评价方案，跟踪评价的主要内容和要求。

f.公众参与意见和建议处理情况，不采纳意见的理由说明。

建设项目环境影响评价

 建设项目环境影响评价的分类管理

1. 环境影响评价分类管理的原则规定

国家根据建设项目对环境的影响程度，按照下列规定对建设项目的环境保护实行分类管理：

① 建设项目对环境可能造成重大影响的，应当编制环境影响报告书，对建设项目产生的污染和对环境的影响进行全面、详细的评价；

② 建设项目对环境可能造成轻度影响的，应当编制环境影响报告表，对建设项目产生的污染和对环境的影响进行分析或者专项评价；

③ 建设项目对环境影响很小、不需要进行环境影响评价的，应当填报环境影响登记表。

2. 环境影响评价分类管理的具体要求

根据建设项目特征和所在区域的环境敏感程度，综合考虑建设项目可能对环境产生的影响，对建设项目的环境影响评价实行分类管理。

建设单位应当按照建设项目环境影响评价分类管理名录的规定，分别组织编制建设项目环境影响报告书、环境影响报告表或者填报环境影响登记表。

建设单位应当严格按照建设项目环境影响评价分类管理名录确定建设项目环境影响评价类别，不得擅自改变环境影响评价类别。

跨行业、复合型建设项目，其环境影响评价类别按其中单项等级最高的确定。《建设项目环境影响评价分类管理名录》未做规定的建设项目，其环境影响评价类别由省级环境保护行政主管部门根据建设项目的污染因子、生态影响因子特征及其所处环境的敏感性质和敏感程度提出建议，报生态环境部认定。

 建设项目环境影响评价要求

1. 环境影响评价原则

突出环境影响评价的源头预防作用，坚持保护和改善环境质量。

（1）依法评价

贯彻执行我国环境保护相关法律法规、标准、政策和规划等，优化项目建设，服务环境管理。

（2）科学评价

规范环境影响评价方法，科学分析项目建设对环境质量的影响。

（3）突出重点

根据建设项目的工程内容及其特点，明确与环境要素间的作用效应关系，根据规划环境影响评价结论和审查意见，充分利用符合时效的数据资料及成果，对建设项目主要环境影响予以重点分析和评价。

2. 环境影响评价工作程序

分析判定建设项目选址选线、规模、性质和工艺路线等与国家和地方有关环境保护法律法规、标准、政策、规范、相关规划、规划环境影响评价结论及审查意见的符合性，并与生态保护红线、环境质量底线、资源利用上线和环境准入负面清单进行对照，作为开展环境影响评价工作的前提和基础。

环境影响评价工作一般分为三个阶段，即调查分析和工作方案制定阶段，分析论证和预测评价阶段，环境影响报告书（表）编制阶段（图5.2）。

3. 环境影响报告书（表）编制要求

（1）环境影响报告书编制要求

① 一般包括概述、总则、建设项目工程分析、环境现状调查与评价、环境影响预测与评价、环境保护措施及其可行性论证、环境影响经济损益分析、环境管理与监测计划、环境影响评价结论和附录附件等内容。

② 应概括地反映环境影响评价的全部工作成果，突出重点。工程分析应体现工程特点，环境现状调查应反映环境特征，主要环境问题应阐述清楚，影响预测方法应科学，预测结果应可信，环境保护措施应可行、有效，评价结论应明确。

③ 文字应简洁、准确，文本应规范，计量单位应标准化，数据应真实、可信，资料应翔实，应强化先进信息技术的应用，图表信息应满足环境质量现状评价和环境影响预测评价的要求。

（2）环境影响报告表编制要求

环境影响报告表应采用规定格式。可根据工程特点、环境特征，有针对性突出环境要素或设置专题开展评价。

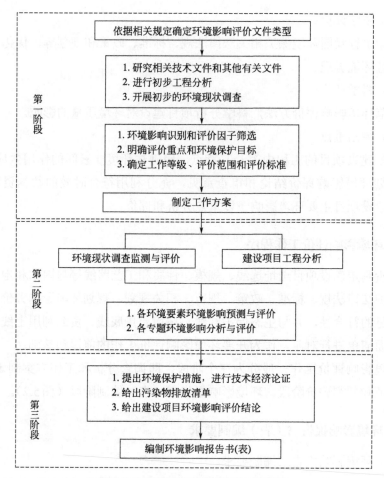

图5.2 建设项目环境影响评价工作程序

4. 环境影响识别与评价因子筛选

（1）环境影响因素识别

列出建设项目的直接和间接行为，结合建设项目所在区域发展规划、环境保护规划、环境功能区划、生态功能区划及环境现状，分析可能受上述行为影响的环境影响因素。

应明确建设项目在建设阶段、生产运行阶段、服务期满后（可根据项目情况选择）等不同阶段的各种行为与可能受影响的环境要素间的作用效应关系、影响性质、影响范围、影响程度等，定性分析建设项目对各环境要素可能产生的污染影响与生态影响，包括有利与不利影响、长期与短期影响、可逆与不可逆影响、直接与间接影响、累积与非累积影响等。

环境影响因素识别可采用矩阵法、网络法、地理信息系统支持下的叠加图法等。

（2）评价因子筛选

根据建设项目的特点、环境影响的主要特征，结合区域环境功能要求、环境保护目标、评价标准和环境制约因素，筛选确定评价因子。

5. 环境影响评价等级的划分

按建设项目的特点，所在地区的环境特征，相关法律法规、标准及规划，环境功能区划等划分各环境要素、各专题评价工作等级。具体由环境要素或专题环境影响评价技术导则规定。

6. 环境影响评价范围的确定

环境影响评价范围指建设项目整体实施后可能对环境造成的影响范围，具体根据环境要素和专题环境影响评价技术导则的要求确定。环境影响评价技术导则中未明确具体评价范围的，根据建设项目可能影响范围确定。

7. 环境保护目标的确定

依据环境影响因素识别结果，附图并列表说明评价范围内各环境要素涉及的环境敏感区、需要特殊保护对象的名称、功能、与建设项目的位置关系以及环境保护要求等。

8. 环境影响评价标准的确定

根据环境影响评价范围内各环境要素的环境功能区划确定各评价因子适用的环境质量标准及相应的污染物排放标准。尚未划定环境功能区的区域，由地方人民政府环境保护主管部门确认各环境要素应执行的环境质量标准和相应的污染物排放标准。

9. 环境影响评价方法的选取

环境影响评价应采用定量评价与定性评价相结合的方法，以量化评价为主。环境影响评价技术导则规定了评价方法的，应采用规定的方法。选用非环境影响评价技术导则规定方法的，应根据建设项目环境影响特征、影响性质和评价范围等分析其适用性。

10. 建设方案的环境比选

建设项目有多个建设方案、涉及环境敏感区或环境影响显著时，应重点从环境制约因素、环境影响程度等方面进行建设方案的环境比选。

 评价主要内容

1. 建设项目工程分析

（1）建设项目概况

包括主体工程、辅助工程、公用工程、环保工程、储运工程以及依托工程等。

以污染影响为主的建设项目应明确项目组成、建设地点、原辅料、生产工艺、主要生产设备、产品（包括主产品和副产品）方案、平面布置、建设周期、总投资及环境保护投资等。

以生态影响为主的建设项目应明确项目组成、建设地点、占地规模、总平面及现场布置、施工方式、施工时序、建设周期和运行方式、总投资及环境保护投资等。

改扩建及异地搬迁建设项目还应包括现有工程的基本情况、污染物排放及达标情况、存在的环境保护问题及拟采取的整改方案等内容。

（2）影响因素分析

① 污染影响因素分析。遵循清洁生产的理念，从工艺的环境友好性、工艺过程的主要产污节点以及末端治理措施的协同性等方面，选择可能对环境产生较大影响的主要因素进行深入分析。

② 生态影响因素分析。结合建设项目特点和区域环境特征，分析建设项目建设和运行过程（包括施工方式、施工时序、运行方式、调度调节方式等）对生态环境的作用因素与影响源、影响方式、影响范围和影响程度。

（3）污染源源强核算

① 根据污染物产生环节（包括生产、装卸、储存、运输）、产生方式和治理措施，核算建设项目有组织与无组织、正常工况与非正常工况下的污染物产生和排放强度，给出污染因子及其产生和排放的方式、浓度、数量等。

② 对改扩建项目的污染物排放量（包括有组织与无组织、正常工况与非

正常工况）的统计，应分别按现有、在建、改扩建项目实施后等几种情形汇总污染物产生量、排放量及其变化量，核算改扩建项目建成后最终的污染物排放量。

③污染源源强核算方法由污染源源强核算技术指南具体规定。

2. 环境现状调查与评价

（1）基本要求

① 对与建设项目有密切关系的环境要素应全面、详细调查，给出定量的数据并做出分析或评价。

② 充分收集和利用评价范围内各例行监测点、断面或站位的近三年环境监测资料或背景值调查资料，当现有资料不能满足要求时，应进行现场调查和测试，现状监测和观测网点应根据各环境要素环境影响评价技术导则要求布设，兼顾均布性和代表性原则。

（2）环境现状调查的方法

环境现状调查方法由环境要素环境影响评价技术导则具体规定。

（3）环境现状调查与评价内容

根据环境影响因素识别结果，开展相应的现状调查与评价。

① 自然环境现状调查与评价；

② 环境保护目标调查；

③ 环境质量现状调查与评价；

④ 区域污染源调查。

3. 环境影响预测与评价

（1）基本要求

① 环境影响预测与评价的时段、内容及方法均应根据工程特点与环境特性、评价工作等级、当地的环境保护要求确定。

② 预测和评价的因子应包括反映建设项目特点的常规污染因子、特征污染因子和生态因子，以及反映区域环境质量状况的主要污染因子、特殊污染因子和生态因子。

③ 须考虑环境质量背景与环境影响评价范围内在建项目同类污染物环境影响的叠加。

④ 对于环境质量不符合环境功能要求或环境质量改善目标的，应结合区

域限期达标规划对环境质量变化进行预测。

（2）环境影响预测与评价方法

预测与评价方法主要有数学模式法、物理模型法、类比调查法等，由各环境要素或专题环境影响评价技术导则具体规定。

（3）环境影响预测与评价内容

① 应重点预测建设项目生产运行阶段正常工况和非正常工况等情况的环境影响。

② 当建设阶段的大气、地表水、地下水、噪声、振动、生态以及土壤等影响程度较重、影响时间较长时，应进行建设阶段的环境影响预测和评价。

③ 可根据工程特点、规模、环境敏感程度、影响特征等选择开展建设项目服务期满后的环境影响预测和评价。

④ 当建设项目排放污染物对环境存在累积影响时，应明确累积影响的影响源，分析项目实施可能发生累积影响的条件、方式和途径，预测项目实施在时间和空间上的累积环境影响。

⑤ 对以生态影响为主的建设项目，应预测生态系统组成和服务功能的变化趋势，重点分析项目建设和生产运行对环境保护目标的影响。

⑥ 对存在环境风险的建设项目，应分析环境风险源项，计算环境风险后果，开展环境风险评价。对存在较大潜在人群健康风险的建设项目，应分析人群主要暴露途径。

4. 环境保护措施及其可行性论证

① 明确提出建设项目建设阶段、生产运行阶段和服务期满后（可根据项目情况选择）拟采取的具体污染防治、生态保护、环境风险防范等环境保护措施；分析论证拟采取措施的技术可行性、经济合理性、长期稳定运行和达标排放的可靠性、满足环境质量改善和排污许可要求的可行性、生态保护和恢复效果的可达性。

各类措施的有效性判定应以同类或相同措施的实际运行效果为依据，没有实际运行经验的，可提供工程化实验数据。

② 环境质量不达标的区域，应采取国内外先进可行的环境保护措施，结合区域限期达标规划及实施情况，分析建设项目实施对区域环境质量改善目标的贡献和影响。

③ 给出各项污染防治、生态保护等环境保护措施和环境风险防范措施的

具体内容、责任主体、实施时段，估算环境保护投入，明确资金来源。

④ 环境保护投入应包括为预防和减缓建设项目不利环境影响而采取的各项环境保护措施和设施的建设费用、运行维护费用，直接为建设项目服务的环境管理与监测费用以及相关科研费用。

5. 环境影响经济损益分析

以建设项目实施后的环境影响预测与环境质量现状进行比较，从环境影响的正负两方面，以定性与定量相结合的方式，对建设项目的环境影响后果（包括直接和间接影响、不利和有利影响）进行货币化经济损益核算，估算建设项目环境影响的经济价值。

6. 环境管理与监测计划

① 按建设项目建设阶段、生产运行阶段、服务期满后（可根据项目情况选择）等不同阶段，针对不同工况、不同环境影响和环境风险特征，提出具体环境管理要求。

② 给出污染物排放清单，明确污染物排放的管理要求。包括工程组成及原辅材料组分要求，建设项目拟采取的环境保护措施及主要运行参数，排放的污染物种类、排放浓度和总量指标，污染物排放的分时段要求，排污口信息，执行的环境标准，环境风险防范措施以及环境监测等。提出应向社会公开的信息内容。

③ 提出建立日常环境管理制度、组织机构和环境管理台账相关要求，明确各项环境保护设施和措施的建设、运行及维护费用保障计划。

④ 环境监测计划应包括污染源监测计划和环境质量监测计划，内容包括监测因子、监测网点布设、监测频次、监测数据采集与处理、采样分析方法等，明确自行监测计划内容。

a.污染源监测包括对污染源（包括废气、废水、噪声、固体废物等）以及各类污染治理设施的运转进行定期或不定期监测，明确在线监测设备的布设和监测因子。

b.根据建设项目环境影响特征、影响范围和影响程度，结合环境保护目标分布，制定环境质量定点监测或定期跟踪监测方案。

c.对以生态影响为主的建设项目应提出生态监测方案。

d.对存在较大潜在人群健康风险的建设项目，应提出环境跟踪监测计划。

7. 环境影响评价结论

对建设项目的建设概况、环境质量现状、污染物排放情况、主要环境影响、公众意见采纳情况、环境保护措施、环境影响经济损益分析、环境管理与监测计划等内容进行概括总结，结合环境质量目标要求，明确给出建设项目的环境影响可行性结论。

对存在重大环境制约因素、环境影响不可接受或环境风险不可控、环境保护措施经济技术不满足长期稳定达标及生态保护要求、区域环境问题突出且整治计划不落实或不能满足环境质量改善目标的建设项目，应提出环境影响不可行的结论。

第六章
环境风险评价服务

环境风险评价是对建设项目建设和运行期间发生的可预测突发性事件或事故（一般不包括人为破坏及自然灾害）引起有毒有害、易燃易爆等物质泄漏，或突发事件产生的新的有毒有害物质，所造成的对人身安全与环境的影响和损害进行评估，提出防范、应急与减缓措施。

第一节 环境风险评价要求

一 一般性原则

环境风险评价应以突发性事故导致的危险物质环境急性损害防控为目标，对建设项目的环境风险进行分析、预测和评估，提出环境风险预防、控制、减缓措施，明确环境风险监控及应急建议要求，为建设项目环境风险防控提供科学依据。

二 评价工作程序

评价工作程序如图6.1所示。

① 基于风险调查，分析建设项目物质及工艺系统危险性和环境敏感性，进行风险潜势的判断，确定风险评价等级。

② 风险识别及风险事故情形分析应明确危险物质在生产系统中的主要分

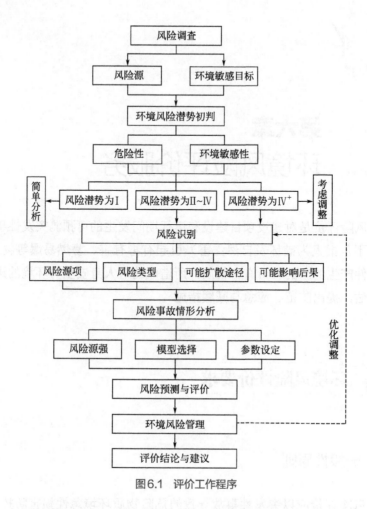

图6.1 评价工作程序

布，筛选具有代表性的风险事故情形，合理设定事故源项。

③ 各环境要素按确定的评价工作等级分别开展预测评价，分析说明环境风险危害范围与程度，提出环境风险防范的基本要求。

④ 提出环境风险管理对策，明确环境风险防范措施及突发环境事件应急预案编制要求。

⑤ 综合环境风险评价过程，给出评价结论与建议。

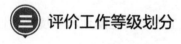 评价工作等级划分

环境风险评价工作等级划分为一级、二级、三级。根据建设项目涉及的物

质及工艺系统危险性和所在地的环境敏感性确定环境风险潜势，按照表6.1确定评价工作等级。风险潜势为Ⅳ及以上，进行一级评价；风险潜势为Ⅲ，进行二级评价；风险潜势为Ⅱ，进行三级评价；风险潜势为Ⅰ，可开展简单分析。

表6.1 评价工作等级划分

环境风险潜势	Ⅳ、Ⅳ⁺	Ⅲ	Ⅱ	Ⅰ
评价工作等级	一	二	三	简单分析[①]

① 是相对于详细评价工作内容而言，在描述危险物质、环境影响途径、环境危害后果、风险防范措施等方面给出定性的说明。见《建设项目环境风险评价技术导则》（HJ 169—2018）附录A。

（四） 评价范围

① 大气环境风险评价范围：一级、二级评价距建设项目边界一般不低于5km；三级评价距建设项目边界一般不低于3km。油气、化学品输送管线项目一级、二级评价距管道中心线两侧一般均不低于200m；三级评价距管道中心线两侧一般均不低于100m。当大气毒性终点浓度预测到达距离超出评价范围时，应根据预测到达距离进一步调整评价范围。

② 地表水环境风险评价范围参照《环境影响评价技术导则　地表水环境》（HJ 2.3—2018）确定。

③ 地下水环境风险评价范围参照《环境影响评价技术导则　地下水环境》（HJ 610—2016）确定。

④ 环境风险评价范围应根据环境敏感目标分布情况、事故后果预测可能对环境产生危害的范围等综合确定。项目周边所在区域，评价范围外存在需要特别关注的环境敏感目标，评价范围需延伸至所关心的目标。

第二节 环境风险评价内容

环境风险评价基本内容包括风险调查、环境风险潜势初判、风险识别、风险事故情形分析、风险预测与评价、环境风险管理等。

风险调查

1. 建设项目风险源调查

调查建设项目危险物质数量和分布情况、生产工艺特点，收集危险物质安全技术说明书（MSDS）等基础资料。

2. 环境敏感目标调查

根据危险物质可能的影响途径，明确环境敏感目标，给出环境敏感目标区位分布图，列表明确调查对象、属性、相对方位及距离等信息。

 环境风险潜势初判

1. 环境风险潜势划分

建设项目环境风险潜势划分为Ⅰ、Ⅱ、Ⅲ、Ⅳ/Ⅳ⁺级。

根据建设项目涉及的物质和工艺系统的危险性及其所在地的环境敏感程度，结合事故情形下环境影响途径，对建设项目潜在环境危害程度进行概化分析，按照表6.2确定环境风险潜势。

表6.2 建设项目环境风险潜势划分

环境敏感程度（E）	危险物质及工艺系统危险性（P）			
	极高危害 P1	高度危害 P2	中度危害 P3	轻度危害 P4
环境高度敏感区 E1	Ⅳ⁺	Ⅳ	Ⅲ	Ⅲ
环境中度敏感区 E2	Ⅳ	Ⅲ	Ⅲ	Ⅱ
环境低度敏感区 E3	Ⅲ	Ⅲ	Ⅱ	Ⅰ

注：Ⅳ⁺为极高环境风险。

2. P的分级确定

分析建设项目生产、使用、储存过程中涉及的有毒有害、易燃易爆物质，参见《建设项目环境风险评价技术导则》（HJ 169—2018）附录B确定危险物质的临界量。定量分析危险物质数量与临界量的比值（Q）和所属行业及生产工艺特点（M），按附录 C 对危险物质及工艺系统危险性（P）等级进行判断。

3.E 的分级确定

分析危险物质在事故情形下的环境影响途径，如大气、地表水、地下水等，按照《建设项目环境风险评价技术导则》（HJ 169—2018）附录D对建设项目各要素环境敏感程度（E）等级进行判断。

4. 建设项目环境风险潜势判断

建设项目环境风险潜势综合等级取各要素等级的相对高值。

 风险识别

1. 风险识别内容

① 物质危险性识别，包括主要原辅材料、燃料、中间产品、副产品、最终产品、污染物、火灾和爆炸伴生/次生物等。

② 生产系统危险性识别，包括主要生产装置、储运设施、公用工程和辅助生产设施，以及环境保护设施等。

③ 危险物质向环境转移的途径识别，包括分析危险物质特性及可能的环境风险类型，识别危险物质影响环境的途径，分析可能影响的环境敏感目标。

2. 风险识别方法

（1）资料收集和准备

根据危险物质泄漏、火灾、爆炸等突发性事故可能造成的环境风险类型，收集和准备建设项目工程资料，周边环境资料，国内外同行业、同类型事故统计分析及典型事故案例资料。对已建工程应收集环境管理制度，操作和维护手册，突发环境事件应急预案，应急培训、演练记录，历史突发环境事件及生产安全事故调查资料，设备失效统计数据等。

（2）物质危险性识别

按《建设项目环境风险评价技术导则》（HJ 169—2018）附录B识别出的危险物质，以图表的方式给出其易燃易爆、有毒有害危险特性，明确危险物质的分布。

（3）生产系统危险性识别

按工艺流程和平面布置功能区划，结合物质危险性识别，以图表的方式给出危险单元划分结果及单元内危险物质的最大存在量。按生产工艺流程分析危险单元内潜在的风险源。

按危险单元分析风险源的危险性、存在条件和转化为事故的触发因素。

采用定性或定量分析方法筛选确定重点风险源。

（4）环境风险类型及危害分析

环境风险类型包括危险物质泄漏，以及火灾、爆炸等引发的伴生/次生污染物排放。

根据物质及生产系统危险性识别结果，分析环境风险类型、危险物质向环境转移的可能途径和影响方式。

3. 风险识别结果

在风险识别的基础上，图示危险单元分布。给出建设项目环境风险识别汇总，包括危险单元、风险源、主要危险物质、环境风险类型、环境影响途径、可能受影响的环境敏感目标等，说明风险源的主要参数。

（四）风险事故情形分析

1. 风险事故情形设定

（1）风险事故情形设定内容

在风险识别的基础上，选择对环境影响较大并具有代表性的事故类型，设定风险事故情形。风险事故情形设定内容应包括环境风险类型、风险源、危险单元、危险物质和影响途径等。

（2）风险事故情形设定原则

同一种危险物质可能有多种环境风险类型。风险事故情形应包括危险物质泄漏，以及火灾、爆炸等引发的伴生/次生污染物排放情形。对不同环境要素产生影响的风险事故情形，应分别进行设定。

对于火灾、爆炸事故，需将事故中未完全燃烧的危险物质在高温下迅速挥发释放至大气，以及燃烧过程中产生的伴生/次生污染物对环境的影响作为风险事故情形设定的内容。

设定的风险事故情形发生可能性应处于合理的区间，并与经济技术发展水平相适应。一般而言，发生频率小于10^{-6}/年的事件是极小概率事件，可作为代表性事故情形中最大可信事故设定的参考。

风险事故情形设定的不确定性与筛选。由于事故触发因素具有不确定性，因此事故情形的设定并不能包含全部可能的环境风险，但通过具有代表性的事故情形分析可为风险管理提供科学依据。事故情形的设定应在环境风险识别的基础上筛选，设定的事故情形应具有危险物质、环境危害、影响途径等方面的代表性。

2. 源项分析

（1）源项分析方法

源项分析应基于风险事故情形的设定，合理估算源强。泄漏频率可参考《建设项目环境风险评价技术导则》（HJ 169—2018）附录E的推荐方法确定，也可采用事故树、事件树分析法或类比法等确定。

（2）事故源强的确定

事故源强是为事故后果预测提供分析模拟情形。事故源强设定可采用计算法和经验估算法。计算法适用于以腐蚀或应力作用等引起的泄漏型为主的事故；经验估算法适用于以火灾、爆炸等突发性事故伴生/次生的污染物释放。

① 物质泄漏量的计算。液体、气体和两相流泄漏速率的计算参见《建设项目环境风险评价技术导则》（HJ 169—2018）附录F推荐的方法。

泄漏时间应结合建设项目探测和隔离系统的设计原则确定。一般情况下，设置紧急隔离系统的单元，泄漏时间可设定为10min；未设置紧急隔离系统的单元，泄漏时间可设定为30min。

泄漏液体的蒸发速率计算可采用《建设项目环境风险评价技术导则》（HJ 169—2018）附录F推荐的方法。蒸发时间应结合物质特性、气象条件、工况等综合考虑，一般情况下，可按15～30min计；泄漏物质形成的液池面积以不超过泄漏单元的围堰（或堤）内面积计。

② 经验法估算物质释放量。火灾、爆炸事故在高温下迅速挥发释放至大气的未完全燃烧危险物质，以及在燃烧过程中产生的伴生/次生污染物，可参照《建设项目环境风险评价技术导则》（HJ 169—2018）附录F采用经验法估算释放量。

③ 其他估算方法

a.装卸事故，泄漏量按装卸物质流速和管径及失控时间计算，失控时间一般可按5～30min计。

b.油气长输管线泄漏事故,按管道截面100%断裂估算泄漏量,应考虑截断阀启动前、后的泄漏量。截断阀启动前,泄漏量按实际工况确定;截断阀启动后,泄漏量以管道泄压至与环境压力平衡所需要时间计。

c.水体污染事故源强应结合污染物释放量、消防用水量及雨水量等因素综合确定。

④ 源强参数确定。根据风险事故情形确定事故源参数(如泄漏点高度、温度、压力、泄漏液体蒸发面积等)、释放/泄漏速率、释放/泄漏时间、释放/泄漏量、泄漏液体蒸发量等,给出源强汇总。

 ## 风险预测与评价

1. 风险预测

(1)有毒有害物质在大气中的扩散

① 预测模型筛选

a.预测计算时,应区分重质气体与轻质气体排放选择合适的大气风险预测模型。其中重质气体和轻质气体的判断依据可采用《建设项目环境风险评价技术导则》(HJ 169—2018)附录G中G.2推荐的理查德森数进行判定。

b.采用《建设项目环境风险评价技术导则》(HJ 169—2018)附录G中的推荐模型进行气体扩散后果预测,模型选择应结合模型的适用范围、参数要求等说明模型选择的依据。

c.选用推荐模型以外的其他技术成熟的大气风险预测模型时,需说明模型选择理由及适用性。

② 预测范围与计算点

a.预测范围即预测物质浓度达到评价标准时的最大影响范围,通常由预测模型计算获取。预测范围一般不超过10km。

b.计算点分特殊计算点和一般计算点。特殊计算点指大气环境敏感目标等关心点,一般计算点指下风向不同距离点。一般计算点的设置应具有一定分辨率,距离风险源500m范围内可设置10～50m间距,大于500m范围内可设置50～100m间距。

③ 事故源参数 根据大气风险预测模型的需要,调查泄漏设备类型、尺

寸、操作参数（压力、温度等），泄漏物质理化特性（摩尔质量、沸点、临界温度、临界压力、比热容比、气体定压比热容、液体定压比热容、液体密度、汽化热等）。

④ 气象参数

a.一级评价，需选取最不利气象条件及事故发生地的最常见气象条件分别进行后果预测。其中最不利气象条件取F类稳定度，1.5m/s风速，温度25℃，相对湿度50%；最常见气象条件由当地近3年内的至少连续1年气象观测资料统计分析得出，包括出现频率最高的稳定度、该稳定度下的平均风速（非静风）、日最高平均气温、年平均湿度。

b.二级评价，需选取最不利气象条件进行后果预测。最不利气象条件取F类稳定度，1.5m/s风速，温度25℃，相对湿度50%。

⑤ 大气毒性终点浓度值选取。大气毒性终点浓度即预测评价标准。大气毒性终点浓度值选取参见《建设项目环境风险评价技术导则》（HJ 169—2018）附录H，分为1、2级。其中1级为当大气中危险物质浓度低于该限值时，绝大多数人员暴露1h不会对生命造成威胁，当超过该限值时，有可能对人群造成生命威胁；2级为当大气中危险物质浓度低于该限值时，暴露1h一般不会对人体造成不可逆的伤害，或出现的症状一般不会损伤该个体采取有效防护措施的能力。

⑥ 预测结果表述

a.给出下风向不同距离处有毒有害物质的最大浓度，以及预测浓度达到不同毒性终点浓度的最大影响范围。

b.给出各关心点的有毒有害物质浓度随时间变化情况，以及关心点的预测浓度超过评价标准时对应的时刻和持续时间。

c.对于存在极高大气环境风险的建设项目，应开展关心点概率分析，即有毒有害气体（物质）剂量负荷对个体的大气伤害概率、关心点处气象条件的频率、事故发生概率的乘积，以反映关心点处人员在无防护措施条件下受到伤害的可能性。有毒有害气体大气伤害概率估算参见《建设项目环境风险评价技术导则》（HJ 169—2018）附录I。

（2）有毒有害物质在地表水、地下水环境中的运移扩散

① 有毒有害物质进入水环境的方式。有毒有害物质进入水环境包括事故直接导致和事故处理处置过程间接导致的情况，一般为瞬时排放源和有限时段内排放的源。

② 预测模型

a.地表水。根据风险识别结果，有毒有害物质进入水体的方式、水体类别及特征，以及有毒有害物质的溶解性，选择适用的预测模型。

（a）对于油品类泄漏事故，流场计算按《环境影响评价技术导则 地表水环境》（HJ 2.3—2018）中的相关要求，选取适用的预测模型，溢油漂移扩散过程按GB/T 19485中的溢油粒子模型进行溢油轨迹预测。

（b）其他事故，地表水风险预测模型及参数参照《环境影响评价技术导则 地表水环境》（HJ 2.3—2018）。

b.地下水。地下水风险预测模型及参数参照《环境影响评价技术导则 地下水环境》（HJ 610—2016）。

③ 终点浓度值选取。终点浓度即预测评价标准。终点浓度值根据水体分类及预测点水体功能要求，按照GB 3838、GB 5749、GB 3097或GB/T 14848选取。对于未列入上述标准，但确需进行分析预测的物质，其终点浓度值选取可参照《环境影响评价技术导则 地表水环境》（HJ 2.3—2018）、《环境影响评价技术导则 地下水环境》（HJ 610—2016）。

对于难以获取终点浓度值的物质，可按质点运移到达判定。

④ 预测结果表述

a.地表水。根据风险事故情形对水环境的影响特点，预测结果可采用以下表述方式：

（a）给出有毒有害物质进入地表水体最远超标距离及时间。

（b）给出有毒有害物质经排放通道到达下游（按水流方向）环境敏感目标处的到达时间、超标时间、超标持续时间及最大浓度，对于在水体中漂移类物质，应给出漂移轨迹。

b.地下水。给出有毒有害物质进入地下水体到达下游厂区边界和环境敏感目标处的到达时间、超标时间、超标持续时间及最大浓度。

2. 环境风险评价

结合各要素风险预测，分析说明建设项目环境风险的危害范围与程度。大气环境风险的影响范围和程度由大气毒性终点浓度确定，明确影响范围内的人口分布情况；地表水、地下水对照功能区质量标准浓度（或参考浓度）进行分析，明确对下游环境敏感目标的影响情况。环境风险可采用后果分析、概率分析等方法开展定性或定量评价，以避免急性损害为重点，确定环境风险防范的基本要求。

 环境风险管理

1. 环境风险管理目标

环境风险管理目标是采用最低合理可行原则（as low as reasonable practicable，ALARP）管控环境风险。采取的环境风险防范措施应与社会经济技术发展水平相适应，运用科学的技术手段和管理方法，对环境风险进行有效的预防、监控、响应。

2. 环境风险防范措施

① 大气环境风险防范应结合风险源状况明确环境风险的防范、减缓措施，提出环境风险监控要求，并结合环境风险预测分析结果、区域交通道路和安置场所位置等，提出事故状态下人员的疏散通道及安置等应急建议。

② 事故废水环境风险防范应明确"单元—厂区—园区/区域"的环境风险防控体系要求，设置事故废水收集（尽可能以非动力自流方式）和应急储存设施，以满足事故状态下收集泄漏物料、污染消防水和污染雨水的需要，明确并图示防止事故废水进入外环境的控制、封堵系统。应急储存设施应根据发生事故的设备容量、事故时消防用水量及可能进入应急储存设施的雨水量等因素综合确定。应急储存设施内的事故废水，应及时进行有效处置，做到回用或达标排放。结合环境风险预测分析结果，提出实施监控和启动相应的园区/区域突发环境事件应急预案的建议要求。

③ 地下水环境风险防范应重点采取源头控制和分区防渗措施，加强地下水环境的监控、预警，提出事故应急减缓措施。

④ 针对主要风险源，提出设立风险监控及应急监测系统，实现事故预警和快速应急监测、跟踪，提出应急物资、人员等的管理要求。

⑤ 对于改建、扩建和技术改造项目，应分析依托企业现有环境风险防范措施的有效性，提出完善意见和建议。

⑥ 环境风险防范措施应纳入环保投资和建设项目竣工环境保护验收内容。

⑦ 考虑事故触发具有不确定性，厂内环境风险防控系统应纳入园区/区域环境风险防控体系，明确风险防控设施、管理的衔接要求。极端事故风险防控

及应急处置应结合所在园区/区域环境风险防控体系统筹考虑，按分级响应要求及时启动园区/区域环境风险防范措施，实现厂内与园区/区域环境风险防控设施及管理有效联动，有效防控环境风险。

3. 突发环境事件应急预案编制要求

① 按照国家、地方和相关部门要求，提出企业突发环境事件应急预案编制或完善的原则要求，包括预案适用范围、环境事件分类与分级、组织机构与职责、监控和预警、应急响应、应急保障、善后处置、预案管理与演练等内容。

② 明确企业、园区/区域、地方政府环境风险应急体系。企业突发环境事件应急预案应体现分级响应、区域联动的原则，与地方政府突发环境事件应急预案相衔接，明确分级响应程序。

七 评价结论与建议

（1）项目危险因素

简要说明主要危险物质、危险单元及其分布，明确项目危险因素，提出优化平面布局、调整危险物质存在量及危险性控制的建议。

（2）环境敏感性及事故环境影响

简要说明项目所在区域环境敏感目标及其特点，根据预测分析结果，明确突发性事故可能造成环境影响的区域和涉及的环境敏感目标，提出保护措施及要求。

（3）环境风险防范措施和应急预案

结合区域环境条件和园区/区域环境风险防控要求，明确建设项目环境风险防控体系，重点说明防止危险物质进入环境及进入环境后的控制、削减、监测等措施，提出优化调整风险防范措施建议及突发环境事件应急预案原则要求。

（4）环境风险评价结论与建议

综合环境风险评价专题的工作过程，明确给出建设项目环境风险是否可防控的结论。根据建设项目环境风险可能影响的范围与程度，提出缓解环境风险的建议措施。

对存在较大环境风险的建设项目，须提出环境影响后评价的要求。

第七章
突发环境事件应急预案服务

突发环境事件应急预案是指企业针对可能发生的突发环境事件，为避免或最大程度减少污染物或其他有毒有害物质进入厂界外大气、水体、土壤等环境介质，确保迅速、有序、高效地开展风险控制、应急准备、应急处置和事后恢复而预先制定的工作方案。

第一节 01 应急预案要求

一 适用范围

① 可能发生突发环境事件的污染物排放企业，包括污水、生活垃圾集中处理设施的运营企业；

② 生产、储存、运输、使用危险化学品的企业；

③ 产生、收集、储存、运输、利用、处置危险废物的企业；

④ 尾矿库企业，包括湿式堆存工业废渣库、电厂灰渣库企业；

⑤ 其他应当纳入适用范围的企业。

二 应急预案备案

① 环境应急预案备案管理，应当遵循规范准备、属地为主、统一备案、

分级管理的原则。

② 企业是制定环境应急预案的责任主体，根据应对突发环境事件的需要，开展环境应急预案制定工作，对环境应急预案内容的真实性和可操作性负责。企业可以自行编制环境应急预案，也可以委托相关专业技术服务机构编制环境应急预案。委托相关专业技术服务机构编制的，企业指定有关人员全程参与。

③ 环境应急预案体现自救互救、信息报告和先期处置特点，侧重明确现场组织指挥机制、应急队伍分工、信息报告、监测预警、不同情景下的应对流程和措施、应急资源保障等内容。

 制定应急预案的步骤

① 成立环境应急预案编制组，明确编制组组长和成员组成、工作任务、编制计划和经费预算。

② 开展环境风险评估和应急资源调查。环境风险评估包括但不限于：分析各类事故衍化规律、自然灾害影响程度，识别环境危害因素，分析与周边可能受影响的居民、单位、区域环境的关系，构建突发环境事件及其后果情景，确定环境风险等级。应急资源调查包括但不限于：调查企业第一时间可调用的环境应急队伍、装备、物资、场所等应急资源状况和可请求援助或协议援助的应急资源状况。

③ 编制环境应急预案。合理选择类别，确定内容，重点说明可能的突发环境事件情景下需要采取的处置措施、向可能受影响的居民和单位通报的内容与方式、向环境保护主管部门和有关部门报告的内容与方式，以及与政府预案的衔接方式，形成环境应急预案。编制过程中，应征求员工、可能受影响的居民和单位代表的意见。

④ 评审和演练环境应急预案。企业组织专家和可能受影响的居民、单位代表对环境应急预案进行评审，开展演练进行检验。评审专家一般应包括环境应急预案涉及的相关政府管理部门人员、相关行业协会代表、具有相关领域经验的人员等。

⑤ 签署发布环境应急预案。环境应急预案经企业有关会议审议，由企业

主要负责人签署发布。

 应急预案回顾性评估

企业结合环境应急预案实施情况，至少每三年对环境应急预案进行一次回顾性评估。有下列情形之一的，及时修订：

① 面临的环境风险发生重大变化，需要重新进行环境风险评估的；

② 应急管理组织指挥体系与职责发生重大变化的；

③ 环境应急监测预警及报告机制、应对流程和措施、应急保障措施发生重大变化的；

④ 重要应急资源发生重大变化的；

⑤ 在突发事件实际应对和应急演练中发现问题，需要对环境应急预案做出重大调整的；

⑥ 其他需要修订的情况。

对环境应急预案进行重大修订的，修订工作参照环境应急预案制定步骤进行。对环境应急预案个别内容进行调整的，修订工作可适当简化。

 应急预案备案所需材料

企业环境应急预案应当在环境应急预案签署发布之日起20个工作日内，向企业所在地县级环境保护主管部门备案。

企业环境应急预案首次备案，现场办理时应当提交下列文件：

① 突发环境事件应急预案备案表；

② 环境应急预案及编制说明的纸质文件和电子文件，环境应急预案包括环境应急预案的签署发布文件、环境应急预案文本，编制说明包括编制过程概述、重点内容说明、征求意见及采纳情况说明、评审情况说明；

③ 环境风险评估报告的纸质文件和电子文件；

④ 环境应急资源调查报告的纸质文件和电子文件；

⑤ 环境应急预案评审意见的纸质文件和电子文件。

应急预案主要内容

 总则

1. 编制目的

简述应急预案编制的目的、作用等。

2. 编制依据

应急预案编制所依据的法律法规、规章，以及有关行业的管理规定、技术规范和标准等。

3. 适用范围

说明应急预案适用的区域范围。

4. 工作原则

本单位应急工作的原则，内容应简明扼要、明确具体。

 **基本情况**

1. 单位的基本情况

主要包括单位名称、详细地址、法人、法人代码、经济性质、隶属关系、从业人数、地理位置、地形地貌、厂址的特殊状况（如上坡地、凹地等）、厂区平面布局图及周边环境状况图、交通图、疏散路线图等，必要时可附说明。

2. 生产的基本情况

主要包括主、副产品名称及产量，主要生产原辅材料名称及用量，生产工艺流程简介，主要生产装置、环保设施及储存设备平面布置图，雨水、污水管网图等。

3. 危险化学品和危险废物的基本情况

主要包括企业危险化学品及危险废物等的生产（产生）量、使用量、储存量、储存方式，运输（输送）单位、运输方式、运地、运输路线，危险废物转移处置方式、危险废物委托处理合同（危险废物处置单位名称、地址、联系方式、资质、处理场所的位置等）。

4. 周边环境状况及环境保护目标情况

确定企业周边区域1km范围内人口集中居住区（居民点、社区、自然村等）和其他环境保护目标（学校、医院、机关等，以及自然保护区、文物古迹、风景名胜区等生态保护区）的方位、名称、人数、联系方式；查明周边企业、重要基础设施、道路等基本情况；说明企业产生污水的排放去向、下游受纳水体（河流、湖泊、湿地）名称、水环境功能区及水源保护区等情况，并给出上述环境敏感点与企业的距离和方位图。

 环境风险源辨识与风险评估

1. 环境风险源辨识

通过对生产区域内所有已建、在建和拟建项目进行环境风险分析，并列表明确给出企业生产、加工、运输（厂内）、使用、储存、处置涉及危险物质的生产过程，以及其他公用工程、辅助工程和环保工程所存在的环境风险源。

2. 环境风险评估

企业应委托相关有资质单位编制包含环境风险内容的环境影响评价文件，分析环境风险源在火灾、爆炸、泄漏等风险事故下产生的污染物种类、环境影响类别（大气环境、水环境、生态或其他）、范围及事故后果。

（四）组织机构及职责

依据企业规模的大小和可能发生的突发环境事件的危害程度，设置分级应急处置组织机构，并以组织机构图的形式列出参与突发环境事件应急处置的部门或队伍。

1. 指挥机构组成

明确由企业主要负责人担任指挥部总指挥，负责生产、环保、安全、设备等部门的领导组成指挥部成员；车间应急处置指挥机构由车间负责人、工程技术人员组成；生产工段应急处置指挥机构由工段负责人、工程技术人员组成。

2. 指挥机构的主要职责

① 贯彻执行国家、当地政府、上级主管部门关于突发环境事件应急处置的方针、政策及有关规定；

② 组织制定突发环境事件应急预案并交由上级环保主管部门进行审批和备案；

③ 组建突发环境事件应急处置队伍；

④ 负责应急防范设施（备）的建设，以及应急处置物资，特别是处理泄漏物、消解和吸收污染物的物资储备；

⑤ 检查、督促做好突发环境事件的预防措施和应急处置的各项准备工作，督促、协助内部相关部门及时消除有毒有害物质的跑、冒、滴、漏；

⑥ 负责组织预案的更新；

⑦ 批准本预案的启动和终止；

⑧ 确定现场指挥人员；

⑨ 协调事故现场有关工作；

⑩ 负责人员、资源配置和应急队伍的调动；

⑪ 及时向上级环保主管部门报告突发环境事件的具体情况，必要时向有关单位发出增援请求，并向周边单位通报相关情况；

⑫ 接受上级应急指挥部门或政府的指令和调动，协助事故处理，配合政府部门对环境进行恢复、事故调查、经验教训总结；

⑬ 负责保护事故现场及相关数据；

⑭ 有计划地组织实施突发环境事件应急处置的培训和应急预案的演习，负责对员工进行应急知识和基本防护方法的培训。

 应急能力建设

1. 应急处置队伍

企业要依据自身条件和可能发生的突发环境事件的类型建立应急处置队伍，包括通信联络队、抢险抢修队、医疗救护队、应急消防队、治安队、物资供应队和应急环境监测队等专业处置队伍，并明确事故状态下各级人员和各专业处置队伍的具体职责和任务，做到发生突发环境事件时，在统一指挥下，快速、有序、高效地展开应急处置行动，将事故的危害降到最低。

2. 应急设施（备）和物资

明确突发环境事件应急处置设施（备）和应急处置物资的类别、数量、负责部门、职责等内容，包括医疗救护仪器、药品、个人防护装备器材、消防设施、堵漏器材、废水收集池、应急监测仪器设备和应急交通工具等。

用于应急处置的物资，特别是处理泄漏物、消解和吸收污染物的物资（如活性炭、木屑和石灰等），企业要采用就近原则，备足、备齐，定置明确，能保证现场应急处理（置）人员在第一时间内启用。用于应急处置的物资，企业要明确调用单位的联系方式，且调用方便、迅速。

企业应按有关规范由有资质的单位设计初期雨水收集池或事故应急池。

 预警与信息报送

1. 报警、通信联络方式

① 及时有效的报警装置；
② 快速的内部、外部通信联络手段；
③ 运输危险化学品、危险废物的驾驶员、押运员及与本单位、生产厂家、

托运方联系的方式、方法。

2. 信息报告与处置

（1）企业内部报告

明确企业内部报告程序，主要包括24h应急值守电话、事故信息报告接受和通报程序。

（2）信息上报

明确发生突发环境事件后由企业事故现场指挥部向上级环境保护主管部门报告事故信息的流程、内容和时限。

（3）报告内容

突发环境事件信息报告至少应包括事故发生的时间、地点、类型和排放污染物的种类、数量、人员伤亡情况、直接经济损失、已采取的应急措施，已污染的范围，潜在的危害程度，转化方式趋向，可能受影响区域及采取的措施建议。

（4）信息通报

明确发生突发环境事件后向可能受影响的区域通报事故信息的方法和程序。

 应急响应和措施

1. 分级响应机制

针对突发环境事件的紧急程度、危害程度、影响范围、企业内部控制事态的能力以及需要调动的应急资源，将突发环境事件应急处置行动分为不同的等级，并且按照分级负责的原则，明确应急响应级别，确定不同级别的现场负责人，指挥调度应急处置工作和开展事故处置措施。

2. 现场应急措施

根据污染物的性质及事故类型、可控性、严重程度和影响范围，需确定如下内容：

① 生产工艺过程中所采用的应急方案及操作程序；工艺流程中可能出现问题的解决方案；应急时紧急停车停产的基本程序；基本控险、排险、堵漏、输转的基本方法。

② 应急过程中使用的药剂及工具。

③ 应急过程中采用的工程技术说明。

④ 污染治理设施的应急方案。

⑤ 事故现场人员清点，撤离的方式、方法、地点。

⑥ 现场应急人员在撤离前、撤离后的报告。

⑦ 险区的隔离：危险区、安全区的设定；事故现场隔离区的划定方式、方法；事故现场隔离方法。

⑧ 处置事故可能产生二次污染（如消防水、固体物质等）的处理措施。

3. 应急设施（备）及应急物资的启用程序

明确应急设施（备）和应急物资的启用程序，特别是为防止消防废水和事故废水进入外环境而设立的事故应急池的启用程序，包括污水排放口和雨（清）水排放口的应急阀门开合及事故应急储存池和排污泵启用的相应程序文件。

4. 抢险、处置及控制措施

① 应急抢险、处置队伍的调度；

② 抢险、处置人员防护、监护措施；

③ 抢险、处置方式、方法；

④ 现场实时监测及异常情况下抢险人员的撤离条件、方法；

⑤ 控制事故蔓延扩散的措施；

⑥ 事故可能扩大后的应急措施；

⑦ 污染治理设施的运行与控制情况。

5. 人员紧急撤离和疏散

根据突发环境事件发生场所、设施、周围情况以及当时气象情况的分析结果，制定分级处理人员的撤离方式、方法，包括：

① 事故现场人员的清点，撤离的方式、方法；

② 非事故现场人员紧急疏散方式、方法；

③ 中毒、受伤人员的救治和相关医疗保障。

6. 大气环境突发环境事件的应急措施

根据污染物的性质及事故类型，事故可控性、严重程度和影响范围，风向和风速，需确定以下内容：

①　根据污染事件发生状况，结合企业化学危险品的性质、数量和分布，分析危险物质的扩散速率，评估对可能受影响区域的危害程度；

②　提供可能受影响区域、单位人员基本保护措施和防护方法建议；

③　提供可能受影响区域、单位人员疏散的方式、方法、地点建议；

④　协助政府设置临时安置场所。

7. 水环境突发环境事件的应急措施

根据污染物的性质、数量及事故类型，事故可控性、影响范围和严重程度，河流的功能、流速与流量（或水体的状况），需确定以下内容：

①　明确可能受影响水体；

②　削减污染物进入水体的方法；

③　需要其他措施的说明和建议（如其他企业污染物限排、停排，调水，污染水体疏导、自来水厂的应急措施等）。

8. 应急监测

发生突发环境事件时，有条件的企业应迅速组织监测人员赶赴事故现场，根据实际情况，迅速确定监测方案（包括监测布点、频次、监测项目和监测方法等），及时开展环境应急监测工作，在尽可能短的时间内，用小型、便携、快速的仪器对污染物质种类、浓度和污染的范围及其可能的危害做出判断，为事故能及时、正确地处理提供依据。

①　产生事故主要污染物现场应急监测方法和标准；

②　发生事故主要污染物实验室监测方法和标准；

③　应急监测与实验室分析所采用的仪器、药剂等；

④　可能受影响区域的监测布点和监测频次；

⑤　监测人员的防护措施；

⑥　内部、外部应急监测分工说明。

9. 应急终止

明确应急终止的条件。事故现场得以控制，环境符合有关标准，导致次生、衍生事故隐患消除后，经事故现场应急指挥机构批准后，现场应急处置结束。应急结束后，应明确：

① 根据事件级别逐级通知上级有关单位、本单位相关部门事故危险已解除；

② 事故情况上报事项；

③ 需向事故调查小组移交的相关事项；

④ 事故损失调查与责任认定；

⑤ 事故原因分析；

⑥ 事故应急处置工作总结报告；

⑦ 突发环境事件应急预案的修订。

 后期处置

1. 现场恢复

明确现场清洁净化、污染控制和环境恢复工作需要的设备工具和物资，事故后对现场中暴露的工作人员、应急行动人员清除污染的清洁净化的方法和程序，以及在应急终止后，对受污染现场进行恢复的方法和程序。

① 事故现场的保护措施；

② 确定现场净化方式、方法；

③ 明确事故现场洗消工作的负责人和专业队伍；

④ 洗消后的二次污染的防治方案。

2. 环境恢复

在应急终止后，对受污染和破坏的生态环境进行恢复的方法和程序。

3. 善后赔偿

应急终止后，根据相应的法律、法规，发生突发环境事件的企业应对事故造成的经济损失进行赔偿，并对被破坏的环境进行恢复工作。

 保障措施

1. 通信与信息保障

明确与应急工作相关联的单位或人员通信联络方式和方法，并提供备用方案。建立信息通信系统及维护方案，确保应急期间信息畅通。

2. 应急队伍保障

明确各类应急响应的人力资源，包括专业应急队伍、兼职应急队伍的组织与保障方案。

3. 应急物资装备保障

明确应急处置需要使用的应急物资和装备的类型、数量、性能、存放位置、管理责任人及其联系方式等内容。

4. 经费及其他保障

明确应急专项经费来源、使用范围、数量和监督管理措施，保障应急状态时企业应急费用的及时到位。

根据本企业应急工作需求而确定的其他相关保障措施（如交通运输保障、治安保障、技术保障、后勤保障等）。

应急培训和演练

1. 培训

依据对本企业员工能力的评估结果和周边工厂企业、社区和村落人员素质分析结果，应明确以下内容：

① 应急处置队员的专业培训内容和方法；
② 本单位员工应急处置基本知识培训的内容和方法；
③ 外部公众应急处置基本知识培训的内容和方法；
④ 运输司机、监测人员等培训内容和方法；
⑤ 应急培训内容、方式、记录表。

2. 演练

明确企业突发环境事件应急预案的演习和训练的内容、范围、频次和组织等内容。

① 演习准备；

② 演习范围与频次；

③ 演习组织；

④ 应急演习的评价、总结与追踪。

 奖惩

明确突发环境事件应急处置工作中奖励和处罚的条件和内容。

 预案的评审、发布和更新

应明确预案评审、发布和更新要求。

① 内部评审；

② 外部评审；

③ 发布的时间，抄送的部门、企业、社区等。

 预案实施和生效的时间

要列出预案实施和生效的具体时间。

 附件

① 环境影响评价文件；

② 危险废物登记文件；

③ 应急处置组织机构名单；

④ 指挥机构联络图；

⑤ 组织应急处置有关人员联系电话；

⑥ 外部救援单位联系电话；

⑦ 政府有关部门联系电话；

⑧ 区域位置及周围环境敏感点分布图；

⑨ 本单位及周边重大危险源分布图；

⑩ 应急设施（备）平面布置图；

⑪ 企业污染物分布图；

⑫ 企业所处地域四季气象特征；

⑬ 企业周边单位一览表，包括名称、人员情况、原料及产品、联系方式等。

第八章
污染场地环境修复服务

随着城市化进程的加速，许多原本位于城区的污染企业从城市中心迁出，与此同时，随着工业企业的搬迁或停产、倒闭，遗留了多种多样、复杂的污染场地，涉及土壤污染、地下水污染、墙体与设备污染及废弃物污染等，成为工业变革与城市扩张的伴随产物。这些污染场地的存在有可能会带来环境和健康的风险，阻碍城市建设和地方经济发展。要解决污染场地问题，最直接的方法是场地环境修复。污染场地环境修复主要包括污染场地环境调查、污染场地环境监测、污染场地风险评估、污染场地土壤修复方案编制四个方面。

第一节　污染场地环境调查

污染场地环境调查指的是采用系统的调查方法，确定场地是否被污染及污染程度和范围的过程。污染场地环境调查的三个原则：针对场地特征和潜在污染物特性，进行污染物浓度和空间分布调查，为场地的环境管理提供依据；采用程序化和系统化的方式规范场地调查过程，保证调查过程中的科学性和客观性；综合考虑调查方法、时间、经费等因素，结合当前科技发展和专业技术水平，使调查过程切实可行。

 场地环境调查的工作内容与程序

场地环境调查的工作内容与程序见图8.1。

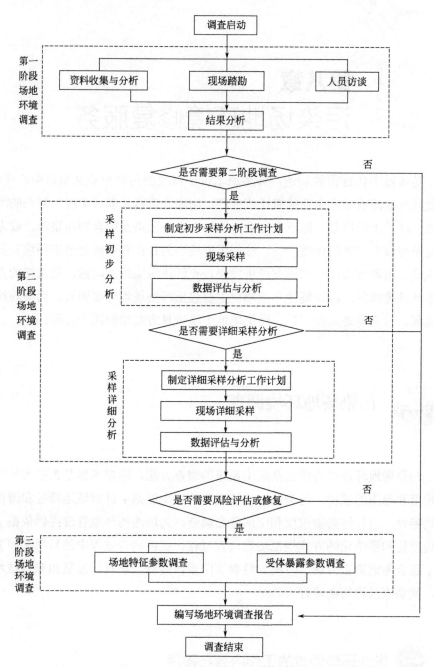

图8.1 场地环境调查的工作内容与程序

第一阶段场地环境调查

1. 第一阶段场地环境调查内容

第一阶段场地环境调查是以资料收集、现场踏勘和人员访谈为主的污染识别阶段，原则上不进行现场采样分析。若第一阶段调查确认场地内及周围区域当前和历史上均无可能的污染源，则认为场地的环境状况可以接受，调查活动可以结束。

场地环境调查收集的资料主要包括场地利用变迁资料、场地环境资料、场地相关记录、有关政府文件，以及场地所在区域的自然和社会信息。当调查场地与相邻场地存在相互污染的可能时，须调查相邻场地的相关记录和资料。完成资料收集后，调查人员应根据专业知识和经验识别资料中的错误和不合理的信息，如资料缺失影响判断场地污染状况时，应在报告中说明。

场地环境调查在现场踏勘前应根据场地的具体情况掌握相应的安全卫生防护知识，并装备必要的防护用品。现场踏勘范围以场地内为主，也应包括场地周围区域，周围区域范围应由现场调查人员根据污染物可能迁移的距离来判断。踏勘的主要内容包括：场地的现状与历史情况、相邻场地的现状与历史情况、周围区域的现状与历史情况、区域的地质、水文地质和地形的描述等。踏勘的重点对象一般应包括：有毒有害物质的使用、处理、储存、处置；生产过程和设备，储槽与管线；恶臭、化学品味道和刺激性气味，污染和腐蚀的痕迹；排水管或渠、污水池或其他地表水体、废物堆放地、井等。同时应该观察和记录场地及周围是否有可能受污染物影响的居民区、学校、医院、饮用水源保护区以及其他公共场所等，并在报告中明确其与场地的位置关系。现场踏勘的方法包括：通过对异常气味的辨识、摄影和照相、现场笔记等方式初步判断场地污染的状况；踏勘期间，可以使用现场快速测定仪器。

场地环境调查人员访谈内容应包括资料收集和现场踏勘所涉及的疑问，以及信息补充和已有资料的考证。访谈对象以场地现状或历史的知情人为主，应包括场地管理机构和地方政府的官员、环境保护行政主管部门的官员、场地过去和现在各阶段的使用者，以及场地所在地或熟悉场地的第三方，如相邻场地的工作人员和附近的居民。访谈方法可采取当面交流、电话交流、电子或书面调查表等方式进行。最后应对访谈内容进行整理，并对照已有资料，对其中可疑处和不完善处进行核实和补充，作为调查报告的附件。

本阶段调查结论应明确场地内及周围区域有无可能的污染源，并进行不确定性分析。若有可能的污染源，应说明可能的污染类型、污染状况和来源，并应提出第二阶段场地环境调查的建议。

2. 场地环境调查第一阶段报告编制大纲

对第一阶段调查过程和结果进行分析、总结和评价，内容主要包括场地环境调查的概述、场地的描述、资料分析、现场踏勘、人员访谈、结果和分析、调查结论与建议、附件等。调查结论应尽量明确场地内及周围区域有无可能的污染源，若有可能的污染源，应说明可能的污染类型、污染状况和来源。应提出是否需要第二阶段场地环境调查的建议。报告应列出调查过程中遇到的限制条件和欠缺的信息，及对调查工作和结果的影响。

其报告编制大纲如下：

（1）前言

（2）概述

① 调查的目的和原则；

② 调查范围；

③ 调查依据；

④ 调查方法。

（3）场地概况

① 区域环境概况；

② 敏感目标；

③ 场地的现状和历史；

④ 相邻场地的现状和历史；

⑤ 场地利用的规划。

（4）资料分析

① 政府和权威机构资料收集和分析；

② 场地资料收集和分析；

③ 其他资料收集和分析。

（5）现场踏勘和人员访谈

① 有毒有害物质的储存、使用和处置情况分析；

② 各类槽罐内的物质和泄漏评价；

③ 固体废物和危险废物的处理评价；

④ 管线、沟渠泄漏评价；

⑤ 与污染物迁移相关的环境因素分析；

⑥ 其他。

（6）结果和分析

（7）结论和建议

（8）附件（地理位置图、平面布置图、周边关系图、照片和法规文件等）

 第二阶段场地环境调查

1. 第二阶段场地环境调查内容

第二阶段场地环境调查是以采样与分析为主的污染证实阶段，若第一阶段场地环境调查表明场地内或周围区域存在可能的污染源，如化工厂、农药厂、冶炼厂、加油站、化学品储罐、固体废物处理等可能产生有毒有害物质的设施或活动，以及由于资料缺失等原因造成无法排除场地内外存在污染源时，作为潜在污染场地进行第二阶段场地环境调查，确定污染物种类、浓度（程度）和空间分布。

第二阶段场地环境调查通常可以分为初步采样分析和详细采样分析两步进行，每步均包括制定工作计划、现场采样、数据评估和结果分析等步骤。初步采样分析和详细采样分析均可根据实际情况分批次实施，逐步减少调查的不确定性。

根据初步采样分析结果，如果污染物浓度均未超过国家和地方等相关标准以及清洁对照点浓度（有土壤环境背景的无机物），并且经过不确定性分析确认不需要进一步调查后，第二阶段场地环境调查工作可以结束，否则认为可能存在环境风险，须进行详细调查。标准中没有涉及的污染物，可根据专业知识和经验综合判断。详细采样分析是在初步采样分析的基础上，进一步采样和分析，确定场地污染程度和范围。

2. 场地环境调查第二阶段报告编制大纲

对第二阶段调查过程和结果进行分析、总结和评价，内容主要包括工作计划、现场采样和实验室分析、数据评估和结果分析、结论和建议、附件。结论和建议中应提出场地关注污染物清单和污染物分布特征等内容。报告应说明第二阶段场地环境调查与计划的工作内容的偏差以及限制条件对结论的影响。

其报告编制大纲如下：

（1）前言

（2）概述

① 调查的目的和原则；

② 调查范围；

③ 调查依据；

④ 调查方法。

（3）场地概况

① 区域环境状况；

② 敏感目标；

③ 场地的使用现状和历史；

④ 相邻场地的使用现状和历史；

⑤ 第一阶段场地环境调查总结。

（4）工作计划

① 补充资料的分析；

② 采样方案；

③ 分析检测方案。

（5）现场采样和实验室分析

① 现场探测方法和程序；

② 采样方法和程序；

③ 实验室分析；

④ 质量保证和质量控制。

（6）结果和评价

① 场地的地质和水文地质条件；

② 分析检测结果；

③ 结果分析和评价。

（7）结论和建议

（8）附件（现场记录照片、现场探测的记录、监测井建设记录、实验室报告、质量控制结果和样品追踪监管记录表等）

第三阶段场地环境调查

若需要进行风险评估或污染修复时，则要进行第三阶段场地环境调查。第三阶段场地环境调查以补充采样和测试为主，获得满足风险评估及土壤和地下水修复所需的参数。本阶段的调查工作可单独进行，也可在第二阶段调查过程中同时开展。

第三阶段场地环境调查主要工作内容包括场地特征参数和受体暴露参数的调查。场地特征参数包括：不同代表位置和土层或选定土层的土壤样品的理化性质分析数据，如土壤pH值、容重、有机碳含量、含水率和质地等；场地（所在地）气候、水文、地质特征信息和数据，如地表年平均风速和水力传导系数等。根据风险评估和场地修复实际需要，选取适当的参数进行调查。受体暴露参数包括场地及周边地区土地利用方式、人群及建筑物等相关信息。

 污染场地环境监测

 污染场地监测工作内容与程序

1. 污染场地监测工作内容

包括场地环境调查监测、污染场地治理修复监测、污染场地修复工程验收监测、污染场地回顾性评估监测四个方面。

① 场地环境调查监测：场地环境调查和风险评估过程中的环境监测，主要工作是采用监测手段识别土壤、地下水、地表水、环境空气、残余废弃物中的关注污染物及水文地质特征，并全面分析、确定场地的污染物种类、污染程度、污染范围。

② 污染场地治理修复监测：污染场地治理修复过程中的环境监测，主要工作是针对各项治理修复技术措施的实施效果所展开的相关监测，包括治理修复过程中涉及环境保护的工程质量监测和二次污染物排放的监测。

③ 污染场地修复工程验收监测：污染场地治理修复工程完成后的环境监

测，主要工作是考核和评价治理修复后的场地是否达到已确定的修复目标及工程设计所提出的相关要求。

④ 污染场地回顾性评估监测：污染场地经过治理修复工程验收后，在特定的时间范围内，为评价治理修复后场地对地下水、地表水及环境空气的环境影响所进行的环境监测，同时也包括针对场地长期原位治理修复工程措施和效果开展验证性的环境监测。

2. 污染场地监测工作程序

主要包括监测内容确定、监测计划制定、监测实施及监测报告编制。

① 监测内容的确定是监测启动后按照要求确定具体工作内容。

② 监测计划制定包括资料收集分析，确定监测范围、监测介质、监测项目及监测工作组织等过程。

③ 监测实施包括监测点位布设、样品采集及样品分析等过程。

④ 监测报告编制。

 监测计划制定

1. 资料收集分析

根据场地环境调查结论，同时考虑污染场地治理修复监测、工程验收监测、回顾性评估监测和阶段的目的和要求、确定各阶段监测工作应收集的污染场地信息，主要包括场地环境调查阶段所获得的信息和各阶段监测补充收集信息。

2. 监测范围与对象

场地环境调查监测范围为前期环境调查初步确定的场地边界范围；污染场地治理修复监测范围应包括治理修复工程设计中确定的场地修复范围，以及治理修复中废水、废气及废渣影响的范围；污染场地修复工程验收监测范围应与污染场地治理修复的范围一致；污染场地回顾性评估监测范围应包括可能对地下水、地表水、环境空气产生环境影响的范围，以及场地长期治理修复工程可能影响的区域范围。监测对象主要为土壤，必要时也应包括地下水、地表水及环境空气等。

3. 监测项目

（1）场地环境调查监测项目

① 场地环境调查初步采样监测项目应根据前期环境调查阶段性结论与本阶段工作计划确定，具体按照HJ 25.1相关要求确定，可能涉及的危险废物监测项目应参照GB 5085中相关指标确定。

② 场地环境调查详细采样监测项目包括环境调查确定的场地特征污染物和场地特征参数应根据HJ 25.1相关要求确定。

（2）污染场地治理修复、工程验收及回顾性评估监测项目

土壤的监测项目为风险评估确定的需治理修复的各项指标。

4. 监测工作的组织

监测工作的组织主要包括监测工作的分工、监测工作的准备、监测工作的实施。

① 监测工作的分工　一般包括信息收集整理、监测计划编制、监测点位布设、样品采集及现场分析、样品实验室分析、数据处理、监测报告编制等。

② 监测工作的准备　一般包括人员分工、信息的收集整理、工作计划编制、个人防护准备、现场踏勘、采样设备和容器及分析仪器准备等。

③ 监测工作的实施　主要包括监测点位布设、样品采集、样品分析，以及后续的数据处理和报告编制。

 监测点位布设

监测点位布设包括监测点位布设方法、场地环境调查监测点位的布设、污染场地治理修复监测点位的布设、污染场地治理修复工程验收监测点位的布设、污染场地回顾性评估监测点位的布设。

样品采集及分析

样品采集包括土壤样品的采集、地下水样品的采集、地表水样品的采集、环境空气样品的采集、场地残余废弃物样品的采集。样品分析包括现场样品分

析、实验室样品分析。

 监测报告编制

监测报告应包括但不限于以下内容：报告名称、任务来源、编制目的及依据、监测范围、污染源调查与分析、监测对象、监测项目、监测频次、布点原则与方法、监测点位图、采样与分析方法和时间、质量控制与质量保证、评价标准与方法、监测结果汇总表等。同时还应包括实验室名称、报告编号、报告每页和总页数、采样者、分析者、报告编制者、复核者、审核者、签发者及时间等相关信息。

 污染场地风险评估

污染场地风险评估是在场地环境调查的基础上，分析污染场地土壤和地下水中污染物对人群的主要暴露途径评估污染物对人体健康的致癌风险或危害水平。污染场地风险评估工作内容包括危害识别、暴露评估、毒性评估、风险表征，以及土壤和地下水风险控制值的计算。污染场地健康风险评估程序与内容如图8.2所示。

 危害识别

收集场地环境调查阶段获得的相关资料和数据，掌握场地土壤和地下水中关注污染物的浓度分布，明确规划土地利用方式，分析可能的敏感受体，如儿童、成人、地下水体等。

危害识别技术要求收集相关资料和确定关注污染物。相关资料主要包括：较为详尽的场地相关资料及历史信息；场地土壤和地下水等样品中污染物的浓度数据；场地土壤的理化性质分析数据；场地（所在地）气候、水文、地质特

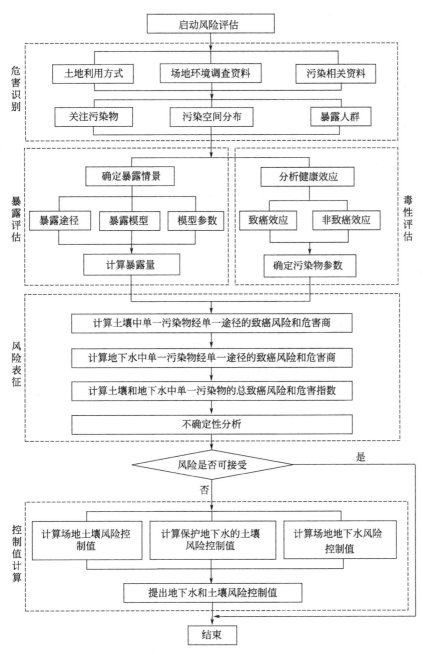

图8.2 污染场地健康风险评估程序与内容

征信息和数据；场地及周边地块土地利用方式、敏感人群及建筑物等相关信息。关注污染物是根据场地环境调查和监测结果，将对人群等敏感受体具有潜在风险需要进行风险评估的污染物。

 暴露评估

在危害识别的基础上，分析场地内关注污染物迁移和危害敏感受体的可能性，确定场地土壤和地下水污染物的主要暴露途径和暴露评估模型，确定评估模型参数取值，计算敏感人群对土壤和地下水中污染物的暴露量。

暴露评估技术要求主要包括分析暴露情景、确定暴露途径、计算敏感用地土壤和地下水暴露量、计算非敏感用地土壤和地下水暴露量。

 毒性评估

在危害识别的基础上，分析关注污染物对人体健康的危害效应，包括致癌效应和非致癌效应，确定与关注污染物相关的参数，包括参考剂量、参考浓度、致癌斜率因子和呼吸吸入单位致癌因子等。

毒性评估技术要求主要包括分析污染物毒性效应和确定污染物相关参数。污染物毒性效应包括致癌效应、非致癌效应、污染物对人体健康的危害机理和剂量-效应关系等。污染物相关参数包括致癌效应毒性参数、非致癌效应毒性参数、污染物的理化性质参数、污染物其他相关参数。

 风险表征

在暴露评估和毒性评估的基础上，采用风险评估模型计算土壤和地下水中单一污染物经单一途径的致癌风险和危害商，计算单一污染物的总致癌风险和危害指数，进行不确定性分析。

风险表征技术要求主要内容为一般性技术要求、计算场地土壤和地下水污染风险、不确定性分析三个方面。一般性技术要求应根据每个采样点样品中关注污染物的检测数据，通过计算污染物的致癌风险和危害商进行风险表征。如某一地块内关注污染物的检测数据呈正态分布，可根据检测数据的平均值、平均值置信区间上限值或最大值计算致癌风险和危害商。

土壤和地下水风险控制值的计算

在风险表征的基础上，判断计算得到的风险值是否超过可接受风险水平。如污染场地风险评估结果未超过可接受风险水平，则结束风险评估工作；如污染场地风险评估结果超过可接受风险水平，则计算土壤、地下水中关注污染物的风险控制值；如调查结果表明，土壤中关注污染物可迁移进入地下水，则计算保护地下水的土壤风险控制值；根据计算结果，提出关注污染物的土壤和地下水风险控制值。

计算风险控制值的技术要求主要包括可接受致癌风险和危害商、计算场地土壤和地下水风险控制值、分析确定土壤和地下水风险控制值三个方面。

污染场地修复方案编制

为了制定合理可行的污染场地土壤修复方案，要在前期工作的基础上，针对污染场地的污染性质、程度、范围，以及对人体健康或生态环境造成的危害，合理选择土壤修复技术，因地制宜制定修复方案，使修复目标可达，修复工程切实可行。污染场地土壤修复方案的编制流程如图8.3所示。

 选择修复模式

在分析前期污染场地环境调查和风险评估资料的基础上，根据污染场地特征条件、目标污染物、修复目标、修复范围、修复时间长短，选择确定污染场地修复总体思路。选择修复模式主要有确认场地条件、提出修复目标、确认修复要求、选择修复模式四个步骤。

1. 确认场地条件
核实场地相关资料、现场考察场地状况、补充相关技术资料。

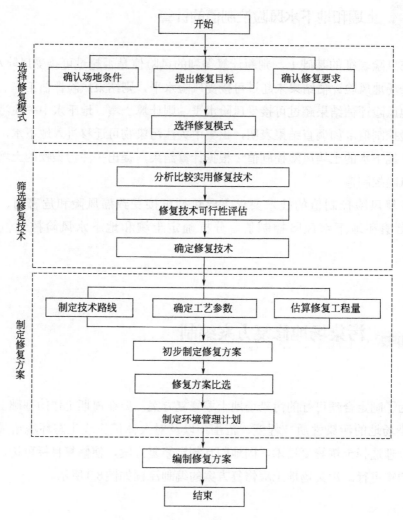

图8.3　污染场地土壤修复方案编制流程

2. 提出修复目标

通过对前期获得的场地环境调查和风险评估资料进行分析，结合必要的补充调查，确认污染场地土壤修复的目标污染物、修复目标值、修复范围。

3. 确认修复要求

与场地利益相关方进行沟通，确认对土壤修复的要求，如修复时间、预期经费投入等。

4. 选择修复模式

根据污染场地特征条件、修复目标和修复要求，选择确定污染场地修复总体思路。永久性处理修复优于处置，即显著性减少污染物数量、毒性和迁移性。鼓励采用绿色的、可持续的和资源化修复。

 筛选修复技术

筛选修复技术的内容为分析比较实用修复技术、修复技术可行性评估、确定修复技术三个部分。

1. 分析比较实用修复技术

结合污染场地污染特征、土壤特性和选择的修复模式，从技术成熟度、适合目标污染物和土壤类型、修复的效果、时间和成本等方面分析比较现有的土壤修复技术优缺点，重点分析各修复技术工程应用的实用性。可以采用列表描述修复技术原理、适用条件、主要技术指标、经济指标和技术应用的优缺点等方面进行比较，也可以采用权重打分的方法。通过比较分析，提出1种或多种备选修复技术进行下一步可行性评估。

2. 修复技术可行性评估

包括实验室小试、现场中试、应用案例分析。

① 实验室小试应采集污染场地的污染土壤进行试验，针对试验修复技术的关键环节和关键参数，制定实验室试验方案。

② 现场中试验证试验修复技术的实际效果，同时考虑工程管理和二次污染防范等，中试尽量兼顾场地不同区域、不同污染程度、不同土壤类型，获得土壤修复工程设计所需的参数。

③ 土壤修复技术可行性评估也可以采用相同或类似污染场地修复技术的应用案例分析进行，必要时可现场考察和评估应用案例实际工程。

3. 确定修复技术

在分析比较土壤修复技术优缺点和开展技术可行性试验的基础上，从技术的成熟度、适用条件、对污染场地土壤修复的效果、成本、时间和环境安全性等方面对各备选修复技术进行综合比较，选择确定修复技术，以进行下一步的制定修复方案阶段。

 制定修复方案

修复方案的制定包括制定（土壤修复）技术路线、确认（土壤修复技术的）工艺参数、估算（污染地土壤）修复工程量、修复方案比选、制定环境管理计划五大步骤。

① 土壤修复技术路线是根据确定的场地修复模式和土壤修复技术来制定的，可以采用一种修复技术制定，也可以采用多种修复技术进行优化组合集成。修复技术路线应反映污染场地修复总体思路和修复方式、修复工艺流程和具体步骤，还应包括场地土壤修复过程中受污染水体、气体和固体废物等的无害化处理处置等。

② 土壤修复技术的工艺参数应通过实验室小试和现场中试获得。工艺参数包括但不限于修复材料投加量或比例、设备影响半径、设备处理能力、处理需要时间、处理条件、能耗、设备占地面积或作业区面积。

③ 污染地土壤修复的工程量是依据技术路线，按照确定的单一修复技术或修复技术组合的方案，结合工艺流程和参数来估算每个修复方案的修复工程量。根据修复方案的不同，修复工程量可能是调查和评估阶段确定的土壤处理和处置所需工程量，也可能是方案涉及的工程量，还应考虑土壤修复过程中受污染土壤水体、气体和固体废物等的无害化处理处置的工程量。

④ 修复方案比选是从单一修复技术及多种修复技术组合方案的主要技术指标、工程费用估算和二次污染防治措施等方面进行比选，最后确定最佳修复方案。

⑤ 制定环境管理计划的内容主要为修复工程环境监测计划和环境应急安全计划。

a.修复工程环境监测计划包括修复工程环境监理、二次污染监控和修复工程验收中的环境监测。应根据确定的最佳修复方案，结合场地污染特征和场地所处环境条件，针对性地制定修复工程环境监测计划。相关技术要求按照HJ 25.2执行。

b.环境应急安全计划内容包括安全问题识别、需要采取的预防措施、突发事故的应急措施、必须配备的安全防护装备和安全防护培训等。

（四）编制修复方案

编制修复方案的主要要求是全面和准确地反映出全部工作内容，报告中文字应简洁、准备，并尽量采用图、表、照片等形式描述各种关键技术信息，便于制定污染场地土壤修复工程施工方案。

其修复方案编制大纲如下：

（1）总论

① 任务由来；

② 编制依据；

③ 编制内容。

（2）场地问题识别

① 所在区域概况；

② 场地基本信息；

③ 场地环境特征；

④ 场地污染特征；

⑤ 土壤污染风险。

（3）场地修复模式

① 场地修复总体思路；

② 场地修复范围；

③ 场地修复目标。

（4）土壤修复技术筛选

① 土壤修复技术简述；

② 土壤修复技术可行性评估。

（5）修复方案设计

① 修复技术路线；

② 修复工程量估算；

③ 修复工程费用估算；

④ 修复方案比选。

（6）环境管理计划

① 修复工程监理；

② 二次污染防范；

③ 工程验收监测；

④ 环境应急方案。

（7）修复工程设计

（8）成本效益分析

① 修复费用；

② 环境效益、经济效益、社会效益。

（9）结论

① 可行性研究结论；

② 问题和建议。

第九章
环境污染治理服务

废水污染治理

废水处理方法

现代废水处理技术，按作用原理可分为物理法、化学法、物理化学法和生物法四大类。

物理法是利用物理作用来分离废水中的悬浮物或乳浊物。常见的有格栅、筛滤、离心、澄清、过滤、隔油等方法。

化学法是利用化学反应的作用来去除废水中的溶解物质或胶体物质。常见的有中和、沉淀、氧化还原、催化氧化、光催化氧化、微电解、电解絮凝等方法。

物理化学法是利用物理化学作用来去除废水中溶解物质或胶体物质。常见的有混凝、气浮、吸附、离子交换、膜分离、萃取、汽提、吹脱、蒸发、结晶等方法。

生物处理法是利用微生物代谢作用，使废水中的有机污染物和无机微生物营养物转化为稳定、无害的物质。常见的有活性污泥法、生物膜法、厌氧生物消化法、稳定塘与湿地处理等。生物处理法也可按是否供氧而分为好氧处理和厌氧处理两类，前者主要有活性污泥法和生物膜法两种，后者包括各种厌氧消化法。

废水处理系统

按处理程度，废水处理技术可分为一级、二级和三级处理。一般进行某种程度处理的废水均进行前面的处理步骤。例如，一级处理包括预处理过程，如经过格栅、沉砂池和调节池。同样，二级处理也包括一级处理过程，如经过格栅、沉砂池、调节池及初沉池。

预处理的目的是保护废水处理厂的后续处理设备。

一级处理通常被认为是一个沉淀过程，主要是通过物理处理法中的各种处理单元如沉降或气浮来去除废水中悬浮状态的固体、呈分层或乳化状态的油类污染物。出水进入二级处理单元进一步处理或排放。在某些情况下还加入化学剂以加快沉降。一级沉淀池通常可去除 $90\% \sim 95\%$ 的可沉降颗粒物、$50\% \sim 60\%$ 的总悬浮固形物以及 $25\% \sim 35\%$ 的 BOD_5，但无法去除溶解性污染物。

二级处理的主要目的是去除一级处理出水中的溶解性 BOD_5，并进一步去除悬浮固体物质。在某些情况下，二级处理还可以去除一定量的营养物，如氮、磷等。二级处理主要为生物过程，可在相当短的时间内分解有机污染物。二级处理过程可以去除大于85%的 BOD_5 及悬浮固体物质，但无法显著地去除氮、磷或重金属，也难以完全去除病原菌和病毒。一般工业废水经二级处理后，已能达到排放标准。

当二级处理无法满足出水水质要求时，需要进行废水三级处理。污水三级处理是污水经二级处理后，进一步去除污水中的其他污染成分（如氮、磷、微细悬浮物、微量有机物和无机盐等）的工艺处理过程。主要方法有生物脱氮法、化学沉淀法、过滤法、反渗透法、离子交换法和电渗析法等。一般三级处理能够去除99%的 BOD_5、磷、悬浮固体和细菌，以及95%的含氮物质。三级处理过程除常用于进一步处理二级处理出水外，还可用于替代传统的二级处理过程。

 第二节 废气污染治理

 废气主要来源

大气污染物的主要来源包括三个方面：一是生产性污染，这是大气污染的主要来源，如煤和石油燃烧过程中排放大量的烟尘、二氧化硫、一氧化碳等有害物质，火力发电厂、钢铁厂、石油化工厂、水泥厂等生产过程排出的烟尘和废气，农业生产过程中喷洒农药而产生的粉尘和雾滴等。二是由生活炉灶和采暖锅炉耗用煤炭产生的烟尘、二氧化硫等有害气体。三是交通运输性污染，汽车、火车、轮船和飞机等排出的尾气，其污染物主要是氮氧化物、碳氢化合物、一氧化碳和铅尘等。

根据污染物在大气中的物理状态，可分为颗粒污染物和气态污染物两大类。颗粒污染物又称气溶胶状态污染物，在大气污染中，是指沉降速度可以忽略的小固体粒子、液体粒子或它们在气体介质中的悬浮体系，主要包括粉尘、烟、飞灰等。气态污染物是以分子状态存在的污染物，气态污染物的种类很多，常见的气态污染物有 CO、SO_2、NO_2、NH_3、H_2S 以及挥发性有机化合物（VOCs）、卤素化合物等。

 大气污染治理的典型工艺

颗粒污染物净化过程是气溶胶两相分离，由于污染物颗粒与载气分子大小悬殊，作用在二者上的外力（质量力、势差力等）差异很大，利用这些外力差异，可实现气-固或气-液分离。烟（粉）尘净化技术又称为除尘技术，它是将颗粒污染物从废气中分离出来并加以回收的操作过程。

气态污染物与载气呈均相分散，作用在两类分子上的外力差异很小，气态污染物的净化只能利用污染物与载气物理或者化学性质的差异（沸点、溶解度、吸附性、反应性等），实现分离或者转化。常用的方法有吸收法、吸附法、催化法、燃烧法、冷凝法、膜分离法和生物净化法等。

1. 除尘

除尘技术是治理烟（粉）尘的有效措施，实现该技术的设备称为除尘器。除尘器主要有机械式除尘器、湿式除尘器、袋式除尘器和静电除尘器。

2. 气态污染物吸收

吸收法净化气态污染物是利用气体混合物中各组分在一定液体中溶解度的不同而分离气体混合物的方法，是治理气态污染物的常用方法。主要用于吸收效率和速率较高的有毒有害气体的净化，尤其是对于大气量、低浓度的气体多使用吸收法。吸收法使用最多的吸收剂是水，一是价廉，二是资源丰富。只有在一些特殊场合使用其他类型的吸收剂。

3. 气态污染物吸附

吸附法净化气态污染物是利用固体吸附剂对气体混合物中各组分吸附选择性的不同而分离气体混合物的方法，主要适用于低浓度有毒有害气体净化。吸附法在环境工程中得到广泛的应用，是由于吸附过程能有效地捕集浓度很低的有害物质，因此，当采用常规的吸收法去除液体或气体中的有害物质特别困难时，吸附可能就是比较满意的解决办法。

4. 气态污染物催化燃烧

催化燃烧法净化气态污染物是利用固体催化剂在较低温度下将废气中的污染物通过氧化作用转化为二氧化碳和水等化合物的方法。催化燃烧法适用于由连续、稳定的生产工艺产生的固定源气态及气溶胶态有机化合物的净化，净化效率不应低于95%。

5. 气态污染物热力燃烧

热力燃烧法（包括蓄热燃烧法）净化气态污染物是利用辅助燃料燃烧产生的热能、废气本身的燃烧热能，或者利用蓄热装置所储存的反应热能，将废气加热到着火温度，进行氧化（燃烧）反应。

采用热力燃烧法（有时候被称为"直接燃烧"）净化有机废气是将废气中的有害组分经过充分的燃烧，氧化成为 CO_2 和 H_2O。目前的热力燃烧系统通常使用气体或者液体燃料进行辅助燃烧加热，在蓄热燃烧系统则使用合适的蓄热材料和工艺，以便使系统达到处理废气所必需的反应温度、停留时间、湍流混合度三个条件。该技术的特点是系统运行能够适合多种难处理的有机废气的净化处理要求，工艺技术可靠，处理效率高，没有二次污染，管理方便。

热力燃烧工艺适用于处理连续、稳定生产工艺产生的有机废气。

第三节 噪声污染治理

 噪声控制的基本原则

噪声控制的基本原则是优先源强控制，其次应尽可能靠近污染源采取传输途径的控制技术措施，必要时再考虑敏感点防护措施。

1. 源强控制

应根据各种设备噪声、振动的产生机理，合理采用各种针对性的降噪减振技术，尽可能选用低噪声设备和减振材料，以减少或抑制噪声与振动的产生。

2. 传输途径控制

在声源降噪受到很大局限甚至无法实施的情况下，应在传播途径上采取隔声、吸声、消声、隔振、阻尼处理等有效技术手段及综合治理措施，以抑制噪声与振动的扩散。

3. 敏感点防护

在对噪声源或传播途径均难以采用有效噪声与振动控制措施的情况下，应对敏感点进行防护。

 ## 防治环境噪声污染的工程措施

降低噪声的常用工程措施大致包括隔声、吸声、消声、隔振等几种，需要针对不同发声对象综合考虑使用。

1. 隔声

应根据污染源的性质、传播形式及其与环境敏感点的位置关系，采用不同的隔声处理方案。

对固定声源进行隔声处理时，应尽可能靠近噪声源设置隔声设施，如各种设备隔声罩、风机隔声箱以及空压机和柴油发电机的隔声机房等建筑隔声结构。隔声设施应充分密闭，避免缝隙孔洞造成的漏声（特别是低频漏声）；其内壁应采用足够量的吸声处理。

对敏感点采取隔声防护措施时，应采用隔声间（室）的结构形式，如隔声值班室、隔声观察窗等；对临街居民建筑可安装隔声窗或通风隔声窗。

对噪声传播途径进行隔声处理时，可采用具有一定高度的隔声墙或隔声屏障（如利用路堑、土堤、房屋建筑等）；必要时应同时采用上述几种结构相结合的形式。

2. 吸声

吸声技术主要适用于降低因室内表面反射而产生的混响噪声，其降噪量一般不超过10dB，故在声源附近，以降低直达声为主的噪声控制工程不能单纯采用吸声处理的方法。

3. 消声

消声器设计或选用应满足以下要求：
① 应根据噪声源的特点，在所需要消声的频率范围内有足够大的消声量；
② 消声器的附加阻力损失必须控制在设备运行的允许范围内；
③ 良好的消声器结构应设计科学、小型高效、造型美观、坚固耐用、维护方便、使用寿命长；
④ 对于降噪要求较高的管道系统，应通过合理控制管道和消声器截面尺寸及介质流速，使流体再生噪声得到合理控制。

4. 隔振

隔振设计既适用于防护机器设备振动或冲击对操作者、其他设备或周围环境的有害影响，也适用于防止外界振动对敏感目标的干扰。当机器设备产生的振动可以引起固体声传导并引发结构噪声时，也应进行隔振降噪处理。

若布局条件允许时，应使对隔振要求较高的敏感点或精密设备尽可能远离振动较强的机器设备或其他振动源（如铁路、公路干线）。

隔振装置及支承结构型式，应根据机器设备的类型、振动强弱、扰动频率、安装和检修形式等特点，以及建筑、环境和操作者对噪声与振动的要求等因素统筹确定。

第四节 固废污染治理

固体废物污染控制的主要原则

《中华人民共和国固体废物污染环境防治法》确定了固体废物污染防治的

原则为减量化、资源化、无害化。

1. 减量化——清洁生产

通过改善生产工艺和设备设计，以及加强管理，来降低原料、能源的消耗量；通过改变消费和生活方式，减少产品的过度包装和一次性制品的大量使用，最大限度地减少固体废物产生量。

2. 资源化——综合利用

将固体废物视为"放错了地方的资源"，或是"尚未找到利用技术的新材料"，通过综合利用，使有利用价值的固体废物变废为宝，实现资源的再循环利用。

3. 无害化——安全处置

对无利用价值的固体废物的最终处置（焚烧和填埋），应在严格的管理控制下，按照特定要求进行，实现无害于环境的安全处置。

 固体废物处置常用方法

1. 预处理方法

城市固体废物的种类复杂，大小、形状、状态、性质千差万别，一般需要进行预处理。常用的预处理技术有三种：

① 压实。用物理的手段提高固体废物的聚集程度，减少其容积，以便于运输和后续处理，主要设备为压实机。

② 破碎。用机械方法破坏固体废物内部的聚合力，减少颗粒尺寸，为后续处理提供合适的固相粒度。

③ 分选。根据固体废物不同的物质性质，在进行最终处理之前，分离出有价值的和有害的成分，实现"废物利用"。

2. 生物处理方法

生物处理是通过微生物的作用，使固体废物中可降解有机物转化为稳定产物的处理技术。生物处理分为好氧堆肥和厌氧消化。好氧堆肥是在充分供氧的条件下，利用好氧微生物分解固体废物中有机物质的过程，产生的堆肥是优质的土壤改良剂和农肥。厌氧消化是在无氧或缺氧条件下，利用厌氧微生物的作用使废物中可生物降解的有机物转化为甲烷、二氧化碳和稳定物质的生物化学过程。

3. 卫生填埋方法

区别于传统的填埋法，卫生填埋法采用严格的污染控制措施，使整个填埋过程的污染和危害减少到最低限度，在填埋场的设计、施工、运行时最关键的问题是控制含大量有机酸、氨氮和重金属等污染物的渗滤液随意流出，做到统一收集后集中处理。

4. 一般物化处理方法

工业生产产生的某些含油、含酸、含碱或含重金属的废液，均不宜直接焚烧或填埋，要通过简单的物理化学处理。经处理后水溶液可以再回收利用，有机溶剂可以作焚烧的辅助燃料，浓缩物或沉淀物则可送去填埋或焚烧。因此，物理化学方法也是综合利用或预处理过程。

5. 安全填埋方法

安全填埋是一种把危险废物放置或储存在土壤中，使其与环境隔绝的处置方法，也是对其在经过各种方式的处理之后所采取的最终处置措施。目的是割断废物和环境的联系，使其不再对环境和人体健康造成危害。所以，是否能阻断废物和环境的联系便是填埋处置成功的关键。

一个完整的安全填埋场应包括废物接收与储存系统、分析监测系统、预处理系统、防渗系统、渗滤液集排水系统、雨水及地下水集排水系统、渗滤液处理系统、渗滤液监测系统、管理系统和公用工程等。

6. 焚烧处理方法

焚烧法是一种高温热处理技术，即以一定的过剩空气量与被处理的有机废物在焚烧炉内进行氧化分解反应，废物中的有毒有害物质在高温中氧化、热解而被破坏。焚烧处置的特点是可以实现无害化、减量化、资源化。焚烧的主要目的是尽可能焚毁废物，使被焚烧的物质变成无害和最大限度地减容，并尽量减少新的污染物质的产生，避免造成二次污染。焚烧不但可以处置城市垃圾和一般工业废物，而且可以用于处置危险废物。

7. 热解法

区别于焚烧，热解技术是在氧分压较低的条件下，利用热能将大分子量的有机物裂解为分子量相对较小的易于处理的化合物或燃料气体、油和炭黑等有机物质。热解处理适用于具有一定热值的有机固体废物。热解应考虑的主要影响因素有热解废物的组分、粒度及均匀性、含水率、反应温度及加热速率等。高温热解温度应在1000℃以上，主要热解产物应为燃气。中温热解温度应在600～700℃，主要热解产物应为类重油物质。低温热解温度应在600℃以下，主要热解产物应为炭黑。热解产物经净化后进行分馏可获得燃油、燃气等产品。

第四部分

延伸服务篇

第十章
清洁生产审核服务

清洁生产审核是指按照一定程序，对生产和服务过程进行调查和诊断，找出能耗高、物耗高、污染重的原因，提出降低能耗、物耗、废物产生以及减少有毒有害物料的使用、产生和废弃物资源化利用的方案，进而选定并实施技术经济及环境可行的清洁生产方案的过程。

第一节　清洁生产审核范围

清洁生产审核分为自愿性审核和强制性审核，以下企业应当实施强制性清洁生产审核。

① 污染物排放超过国家或者地方规定的排放标准，或者虽未超过国家或者地方规定的排放标准，但超过重点污染物排放总量控制指标的。

② 超过单位产品能源消耗限额标准构成高耗能的。

③ 使用有毒有害原料进行生产或者在生产中排放有毒有害物质的，其中有毒有害原料或物质包括以下五类：

a.危险废物，包括列入《国家危险废物名录》的危险废物，以及根据国家规定的危险废物鉴别标准和鉴别方法认定的具有危险特性的废物；

b.剧毒化学品、列入《重点环境管理危险化学品目录》的化学品，以及含有上述化学品的物质；

c.含有铅、汞、铬等重金属和类金属砷的物质；

d.《关于持久性有机污染物的斯德哥尔摩公约》附件所列物质；

e.其他具有毒性、可能污染环境的物质。

除去以上规定的企业，可以自愿组织实施清洁生产审核。

 清洁生产审核的实施程序

 筹划和组织阶段

此阶段关键是得到企业高层领导的支持和参与，组建清洁生产审核小组，制定审核工作计划和宣传清洁生产思想。筹划和组织阶段的详细内容如下：

1. 领导支持

① 宣讲效益：经济效益、环境效益、无形资产、技术进步。

② 阐明投入：管理人员、技术人员和操作工人必要的时间投入；监测设备和监测费用的必要投入；编制审核报告的费用，以及可能的聘用外部专家的费用。

2. 组建审核小组

① 成立清洁生产审核领导小组：组长由公司总经理担任，副组长由分管副总经理担任，成员由技术、工艺、环保、管理、财务、生产等部门及生产车间负责人组成。主要职责是确定企业当前清洁生产审核重点，组建并检查审核工作小组的工作情况，对清洁生产实际工作做出必要的决策，对所需费用做出裁决。

② 成立清洁生产审核工作小组：组长由分管副总经理担任，副组长由管理部门、技术部门、生产部门负责人担任，成员由管理、技术、环保、工艺、财务、采购及生产车间的相关人员组成。主要职责是根据领导小组确定的审核重点，制定审核计划，根据计划组织相关部门进行工作。

3. 制定工作计划

审核小组成立后，要及时编制审核工作计划表，包括各阶段的工作内容、完成时间、责任部门及负责人、考核部门及人员、产出等。

4. 开展宣传教育

① 目的：使企业全体员工了解清洁生产的概念和实施清洁生产的意义和作用，澄清模糊认识，克服可能存在的各种思想障碍，自觉参与清洁生产工作。

② 宣传教育分三个层面，即厂级、部门级、班组级宣传培训。在开展清洁生产初始以厂级培训为主，一般通过上大课、开培训班等形式进行。部门级培训一般在启动清洁生产审核后，部门根据企业总体推进计划，制定宣传计划并根据工作开展情况实施。班组级宣传培训主要集中在生产班组进行。

③ 宣传的方式：利用企业的各种例会、广播、板报、电视录像、下达文件、组织学习、举办培训班、印发简报、开展群众性征文、提合理化建议活动等形式，进行清洁生产概念和实施清洁生产的意义和作用的宣传教育活动，澄清模糊认识。

④ 宣传内容：清洁生产及清洁生产审核的概念；实施清洁生产的意义和作用；清洁生产审核工作的内容与要求；本企业鼓励清洁生产审核的各种措施；本企业各部门已取得的审核效果及具体做法。

⑤ 操作要点：宣传要制定宣传计划；以例会、班组会形式进行宣传的，要有会议记录；对清洁生产的相关知识、清洁生产审核工作进展情况要以简报的形式发至有关领导、科室、车间等。

 预评估阶段

预评估，是从生产全过程出发，对企业现状进行调研和考察，摸清污染现状和产污重点并通过定性比较或定量分析，确定审核重点。工作重点是评价企业的产污排污状况，确定审核重点，并针对审核重点设置清洁生产目标。预评估阶段的详细内容如下：

① 组织现状调研（企业概况、环保状况、生产状况、管理状况等）。该步骤由生产、环保、管理等部门收集相关资料，进行现状调研。

② 进行现场考察（生产过程、污染、能耗重点环节、部位）。该步骤由生产、环保、管理等部门组织相关人员进行现场考察，发现生产中的问题。

③ 评价产污排污状况（产污和排污现状分析、类比评价）。该步骤由环保、技术等部门对本企业的产污原因进行初步分析并做出评价。

④ 确定审核重点（应用现状调查结论，分析确定审核重点）。该步骤由审

核领导小组根据所获取的信息，列出企业的主要问题，从中选出若干问题或环节作为备选审核重点。

a.备选重点的部门：如生产车间、工段、操作单元、设备、生产线、污染物产生的流程等。

b.备选重点的条件：污染严重的环节或部位；消耗大的环节或部位；环境及公众压力大的环节或问题；严重影响或威胁正常生产，构成生产"瓶颈"的部位；在区域环境质量改善中起重点作用的环节等。一般以消耗大或污染较重的环节或部位作为清洁生产审核备选重点，一般为3～5个。

c.确定审核重点的方法：根据各备选重点的废弃物排放量、毒性和消耗等情况，进行对比、分析、论证后，可采用审核小组成员投票的方法，选定审核重点。通常是污染最严重、消耗最大的部位定为第一轮审核重点，同时要综合考虑资金、技术、企业经营目标、年度计划等综合因素。

⑤ 设置清洁生产目标（针对审核重点，设置清洁生产目标）。审核重点确定后，由审核领导小组制定明确的清洁生产目标，即审核重点实行清洁生产后要达到的要求。

a.设置目标的类型。近期目标：本轮清洁生产审核需达到的目标，包括环保目标和能耗、水耗、物耗、经济效益等方面的目标。中长期目标：持续清洁生产，不断进行完善或进行重大技术改造、设备更新后所达到的水平和能力。中长期目标的时间一般为2～3年。

b.设置目标的原则：先进性；可操作性；符合国家产业政策和环保要求；经济效益明显。

c.应考虑的因素：环境管理要求和产业政策要求；企业生产技术水平和设备能力；国内外类似规模的厂家水平；本企业历史最好水平；企业资金状况。

⑥ 提出和实施无/低费方案（贯彻边审核边实施的原则）。无/低费方案是指不需或较少投资即可使问题得以解决的方案。该步骤可由管理、生产部门牵头，相关部门配合，通过座谈、咨询、现场察看、发放清洁生产建议表等方式，广泛发动职工针对各自的工作岗位提出无/低费方案，具体可围绕以下几方面进行：

a.原辅材料和能源方面。常见的无/低费方案有：不宜订购过多原料，特别是一些会损坏、易失效或难以储存的原料；对原料的进料、仓储、出料进行计量管理，堵塞各种漏洞和损失；对进厂的原料进行检验，对供货进行质量控制。

b.技术工艺方面。常见的无/低费方案有：增添必要的仪器、仪表和自动检测指示装置，提高生产工艺的自动化水平；对生产工艺进行局部调整；调整辅助剂、添加剂的投入等。

c.设备方面。常见的无/低费方案有：改进并加强设备定期检查和维护，减少跑冒滴漏；及时修补、完善输热和输气管道的隔热保温。

d.过程控制方面。常见的无/低费方案有：选择在最佳配料比下进行生产；增加和校准检测计量仪表；改善过程控制及在线监控；调整优化反应的参数，如温度、压力等。

e.产品方面。常见的无/低费方案有：改进包装及其标志或说明；加强库存管理；包装材料便于回收利用或处理、处置。

f.产生废弃物方面。常见的无/低费方案有：对液体废物采取沉淀、过滤后进行收集的措施；对固体废物采取清洗、挑选后回收的措施；对蒸汽采取冷凝回收的措施。

g.管理状况。常见的无/低费方案有：清洁作业，避免杂乱无章；减少物料流失并及时收集；严格岗位责任制及操作规程。

h.员工素质方面。常见的无/低费方案有：加强员工技术与环境意识的培训；采用各种形式的精神与物质激励措施。

③ 评估阶段

建立审核重点物料平衡，进行废物产生原因分析。本阶段的工作重点是实测输入输出物流，建立物料平衡，分析废物产生原因。

① 准备审核重点资料（收集资料，编制工艺、设备流程图）。该步骤由生产、环保、管理等部门收集已确定审核重点的相关资料，力求资料齐全。

② 实测输入输出物料（实测、汇总数据）。该步骤由生产部门按照审核工作小组提出的要求，实测输入输出物料，依标准采集数据，环保计量部门配合。实测时间和周期：对于周期性（间歇）生产的企业，按正常一个生产周期（即一次配料由投入到产品产出为一个生产周期）进行逐个工序的实测，而且至少实测三个周期。对于连续性生产的企业，应连续（跟班）监测72h。

③ 建立物料平衡（测算与编制物料平衡图）。该步骤由生产部门按照实测的数据编制物料平衡图（物料平衡图、水平衡图）。

④ 分析废物产生原因（针对审核重点分析废物产生原因）。审核工作小组组织环保、生产、技术、工艺等部门分析废弃物产生原因，提出解决办法。一般从以下方面分析废物产生原因：

a.原辅材料和能源（纯度、储运、投入量、超定额、有毒有害、清洁能源等）；

b.技术工艺（转化率、设备布置、转化步骤、稳定性、需使用对环境有害的物料等）；

c.设备（破、漏、自动化水平、设备间配置、维护保养、设备功能与工艺匹配等）；

d.过程控制（计量检测分析仪表、工艺参数、控制水平）；

e.产品（储运破漏、转化率、包装）；

f.废弃物（废弃物循环与再利用、物化性状与处理、单位产品废物产生量与国内外先进水平）；

g.管理（管理制度与执行、与满足清洁生产需要）；

h.员工（素质与生产需求、缺乏激励机制）。

⑤ 提出和实施无/低费方案（针对审核重点）。由审核工作小组提出方案，生产部门具体实施。

（四）方案产生和筛选阶段

针对废物产生原因，提出方案并筛选。本阶段的工作目的是通过方案的产生、筛选、研制，为下一阶段的可行性分析提供足够的中/高费清洁生产方案。

① 产生方案（广泛发动群众征集，全员参与，保质保量）。由审核工作小组组织全员征集，工程技术人员参与，专家组参与、指导。

a.征集方式：召开车间工人、管理人员和厂有关职能部门参加的专题会议，广开言路、集思广益；设立合理化建议箱，收集单位和个人意见。

b.方案基本类型：加强管理；原辅材料改变与能源替代；改进工艺技术；优化生产过程控制；废弃物回收利用和循环使用；员工激励及素质提高；设备维护与更新；产品更新与改进。

② 分类汇总方案（对所有方案从八个方面列表简述与预估）。由审核工作

小组按可行的方案、暂不可行的方案、不可行的方案进行分类汇总。

③ 筛选方案（初步筛选或权重总和计分排序筛选与汇总）。由审核工作小组组织环保、技术、工艺、生产等部门对方案进行筛选，筛选出3～5个中/高费方案。

④ 研制方案（进行工程化分析，提供两个以上方案供可研）。由生产、技术、工艺等部门对方案进行研制，供下一阶段作可行性分析。

⑤ 继续实施无/低费方案（实施经筛定的可行无/低费方案）。

⑥ 核定并汇总无/低费方案实施效果（阶段性成果汇总分析），对已实施的无/低费方案（包括预评估、评估阶段已实施的）进行汇总。汇总的内容包括方案序号、名称、实施时间、投资、运行费、实施要求、实施后可能对生产状况的影响，经济效益和环境效果。

⑦ 编写清洁生产中期审核报告（阶段性工作成果总结分析）。

五 可行性分析阶段

对所筛的中/高费方案进行可研分析与推荐。本阶段的工作重点是，在结合市场调查和收集一定资料的基础上，进行方案的技术、环境、经济的可行性分析和比较，从中选择和推荐最佳的可行方案。

① 进行市场调查（涉及产品结构调整、新的产品、原料产生时进行）。组织人员了解市场需求、预测市场动态，向专家咨询，工艺技术人员进行测算，确定方案。

② 进行技术评估（工艺路线、技术设备、技术成熟度等）。由技术部门提供查新检索资料，对方案的先进性、实用性、可操作性进行技术评估。

③ 进行环境评估（资源消耗、环境影响及废物综合利用等）。由环保、节能等部门提供相关资料，对方案的废弃物数量、回收利用、可降解性、毒性、有无二次污染等情况进行环境评估。

④ 进行经济评估（现金流量分析和财务动态获利性分析）。由财务部门提供损益表、负债表，对方案的投资偿还期、净现值、净现值率、内部收益率进行经济评估。

⑤ 推荐可实施方案（确定最佳可行的推荐方案）。组织专家和技术人员按照技术先进实用、经济合理有利、保护环境的要求，对方案进行评审，确定清

洁生产方案。最佳的可行方案是指该项投资在技术上先进适用、在经济上合理有利、又能保护环境的最优方案。

 方案实施阶段

实施方案，并分析、验证方案的实施效果。本阶段工作重点是：总结前几个审核阶段已实施的清洁生产方案的成果，统筹规划推荐方案的实施。

① 组织方案实施（统筹规划、筹措资金、实施方案）。

② 汇总已实施的无/低费方案的成果（经济效益、环境效益）。

③ 验证已实施的中/高费方案的成果（经济效益、环境效益和综合评价）。

④ 分析总结已实施方案对组织的影响（实施成效对比宣传）。

 持续清洁生产阶段

制定计划、措施持续推行和编写报告。本阶段的工作重点是：建立推行和管理清洁生产工作的组织机构、建立促进实施清洁生产的管理制度、制定持续清洁生产计划以及编写清洁生产审核报告。

① 建立和完善清洁生产组织（任务、归属与专人负责）。

② 建立和完善清洁生产管理制度（管理、激励与资金）。

③ 制定持续清洁生产计划（工作、实施、研发与培训）。

④ 编写清洁生产审核报告（全面工作成果总结分析）。清洁生产审核首先是对组织现在的和计划进行的产品生产和服务实行预防污染的分析和评估。在实行预防污染分析和评估的过程中，制定并实施减少能源、资源和原材料使用，消除或减少产品和生产过程中有毒物质的使用，减少各种废弃物排放的数量及其毒性的方案。

第十一章
企业能源审计服务

企业能源审计是审计单位依据国家有关的节能法规和标准，对企业和其他用能单位能源利用的物理过程和财务过程进行的检验、核查和分析评价。其主要内容包括企业基本情况、企业能源管理系统、企业能源统计数据审核、企业能源利用状况分析、企业节能潜力分析、存在问题与建议、审计结论、附件。

 第一节 企业基本情况及能源管理系统

 企业基本情况

1. 企业简况

企业简况主要包括企业名称、企业性质、隶属关系、注册资本、资产总额、主要产品、生产规模、主要生产工艺和设备能力、工业总产值、增加值、利税、员工数、占地面积、建筑面积、厂区布置、坐落地址、企业组织结构等相关内容。

2. 主要产品生产工艺概况

主要产品生产工艺概况主要包括生产工艺、装置的生产能力以及主要生产工艺说明。

其中，主要生产工艺说明的内容有工艺流程图、工艺流程说明、主要工艺能源消耗状况。

3. 企业用能系统概况

企业用能系统概况主要说明用能系统的基本情况，同时用于绘制企业能源流程图。概况内容中应介绍用能系统使用能源及耗能工质种类，能源加工转换环节的单元应包括企业自产二次能源和耗能工质的各生产单元。

4. 企业供电、供热、供气、供水等主要供能或耗能工质系统情况

企业供能或耗能工质系统情况主要包括五大类：

① 电力系统情况：主要供电设备情况；

② 热力系统情况：主要供热设备情况；

③ 燃气系统情况：主要燃气设备情况；

④ 水系统情况：主要供水设备情况；

⑤ 其他能源（和耗能工质）转换（或生产）系统情况。

对主要供能系统介绍简明扼要（供能系统除输配环节单元外，还包括企业自产二次能源和耗能工质的生产单元），结合能源系统图说明能源和耗能工质供应来源、线路或管网条件、能源品质参数，加工转换设备、二次能源及耗能工质性能参数，输送分配线路或管网系统分布，最终使用系统包括生产线系统、辅助系统、附属系统的最终用能单元。

5. 企业主要用能设备

企业主要用能设备主要是对企业主要用能设备汇总，汇总时主要用能设备表应包括型号、功率/容量、数量、用能种类、运行时间、投产日期。

 企业能源管理系统

1. 企业能源方针和目标

企业根据国家能源政策和有关法律、法规，充分考虑经济、社会和环境效益，确定的能源方针和能源目标，实施目标责任制情况。

企业能源方针和目标包括企业节能规划目标和年度目标；无能源管理方针和能源目标的必须在审计期间制定公布，并做说明；评价节能目标责任制实施情况。

2. 企业能源管理机构和职责

企业能源管理机构和职责的主要内容包括企业能源管理机构、能源管理人员状况、节能管理网络、管理机构的职责、企业能源管理机构运行情况、分析存在的问题。

具体为：考察能源管理岗位负责人的基本条件、备案情况、职责、接受培训情况，对企业能源管理机构运行情况有评估意见。

3. 企业能源管理制度

企业能源管理制度的主要内容包括：

① 企业能源管理制度现状。包括能源综合管理制度、能源管理岗位职责制度、能源供应管理制度、能源计量管理制度、能源消费统计管理制度、能源消耗定额（限额）管理制度、能源利用状况分析制度、节能技术改造项目管理制度、节能奖惩制度、节能教育与培训制度等。

② 执行情况。依据管理文件，追踪检查每一项能源管理活动是否按能源管理方案规定开展，达到预期效果。

4. 企业能源计量管理

企业能源计量管理包括三大方面：

① 能源计量器具表和能源计量网络情况；

② 能源计量器具配备率、完好率和检定周期、受检率情况；

③ 计量存在问题分析。

5. 企业能源统计管理

企业能源统计管理包括企业能源统计现状、机构、网络、原始记录、台账、报表、分析报告等情况。

具体为：对企业现有能源统计现状及组织机构、网络和统计人员配备、报表的及时性、完整性、准确性有审计意见；对能源统计、统计信息化、统计分析评价。

6. 企业能源定额管理

企业能源定额管理包括能源定额管理现状以及能耗定额制订、下达、考核情况。

7. 企业节能技改管理

企业节能技改管理内容包括节能技改管理模式、工作程序。

具体为：节能技改管理部门、实施与管理程序；结合已实施的重大节能技改项目情况，对企业节能技改管理进行评价。

8. 对标管理

对标管理主要包括对标管理开展情况、存在问题和评估。

具体为：对对标管理的有效性进行审计；无对标管理活动的必须在管理改进建议中提出解决方法。

 第二节 企业能源统计数据审核、利用状况及企业节能潜力分析

 企业能源统计数据审核

1. 对能源使用量的审核

对能源使用量的审核主要指按企业能源流程图，分别对外购储，加工转换，输送分配，主要生产系统、辅助生产系统、附属生产系统用能单元，回收利用的能源和耗能工质的能源统计资料、仓库账目、财务账目进行核实。

具体为：

① 对企业能源购、销、存数据进行全年核查；

② 对企业能源消费平衡综合表数据核查；

③ 对企业能源统计（年度）报表数据要追溯到原始票据和库存记录核查；

④ 与上报统计局数据比较，有差异时说明原因，对平衡表中的盘盈或盘亏情况进行分析，抽查能源和耗能工质的能源统计资料、财务账目、仓库账目一个月数据，检查是否账目相符，报告说明抽查资料名称、资料提供部门、抽查月份、数据差错率等情况。

2. 对企业采用的能源折标系数的审核

对企业采用的能源折标系数的审核内容为企业能源统计中的能源和耗能工

质，当量或等价采用折标系数的正确性审核。

具体为：对企业采用的能源折标系数的审核，要说明折标系数来源，如选自GB/T 2589—2008《综合能耗计算通则》等相关标准；根据实测计算或参照国家统计局公布的数据采用的能源折标系数与平时统计不同时应说明原因。

3. 对产值、增加值和产品产量数据审核

对产值、增加值和产品产量数据审核的内容为列出审计范围内各种产品产量、工业总产值、工业增加值。

具体为：审核各种产品合格产品产量与合格率；企业上报统计局数据有否差异，有差异说明原因。

4. 对企业购入能源费用、单价和质量的审核

对企业购入能源费用、单价和质量的审核内容为通过复核账目及凭证审核购入能源单价及费用。

具体为：复核购入能源单价、数量及费用，核算企业能源成本比例。

 企业能源利用状况分析

1. 企业能源消费状况

企业能源消费状况主要包括核定企业消费能源种类、结构、能源消费流向、能源消耗量、综合能耗量。

具体为：企业能源消费实物平衡表或企业能量平衡表要按照相关规定填齐或准确画出；用能单位在统计期内实际消耗的各种能源实物量，按规定的计算方法和单位分别折算成标准煤后的总和。

2. 按管理层次（企业、部门、产品、工序）计算分析能效指标

应计算的能效指标主要包括：企业，企业综合能耗、单位产值综合能耗、单位增加值综合能耗；部门，部门综合能耗；产品，产品综合能耗、产品单位产量综合能耗；工序，工序（装置）综合能耗、工序单位产出综合能耗。

具体为：

① 列出主要耗能产品（能耗合计应占企业综合能耗的75％以上）不同产品的综合能耗；

② 对大型集团公司应有非独立核算的分公司数据；

③ 按标准规定计算方法列出计算公式，正确计算出企业、部门、产品、工序各项能效指标；

④ 对各能耗指标分别进行分析，重点对生产工艺能源利用水平进行分析；

⑤ 据国家、各市能耗限额标准、各市产业能效指南、国内外先进水平、企业历史最好水平、清洁生产审核标准、能效先进水平等资料对上述能效指标进行对标分析；

⑥ 有行业产品可比能耗标准的，可比较产品单位产量综合能耗、重点工艺（工序）产品综合能耗；

⑦ 把企业能耗指标与国际、国内、地方能耗标准，企业上一年，历史最好水平进行比较，分析评价。

3. 能源加工转换、输送分配环节计算与分析

能源加工转换、输送分配环节计算与分析的内容包括：计算能源加工转换单元、输送分配单元的能效指标；对上述能耗指标水平分析、评价。

具体为：

① 计算能源加工转换单元的能量投入产出比（折标系数应采用当量值），加工转换、输送分配单元能效指标；

② 根据国家限额、国内外先进水平、企业历史先进水平等资料，分析和评价能耗指标水平。

4. 主要用能系统、主要生产工艺、生产设备水平分析

主要用能系统、主要生产工艺、生产设备水平分析的内容包括：对电、热等主要用能系统进行系统分析；对主要生产工艺、生产设备能源利用水平进行分析；主要用能系统主要设备能效指标分析、测试情况。

具体为：

① 对电、热等主要用能系统合理用能情况进行评估；

② 对主要生产工艺、生产设备能源利用水平进行评估；

③ 对实际运行状态、运行水平进行评估；

④ 对有节能潜力的主要用能设备应进行能耗统计资料分析计算，必要时

进行热平衡、电平衡测试，对测试结果进行评价分析。

5. 淘汰产品、设备（装置）、工艺、生产能力情况

此部分内容包括查清有否列入国家淘汰的产品、设备、装置、工艺和生产能力情况。

6. 能源成本分析

能源成本分析内容主要为对现有产品能源成本结构分析。

具体为：分析企业能源成本构成，能源成本占生产成本的比例；分析能源成本上升/下降的原因及对策。

7. 节能减排效果计算与分析

节能减排效果计算与分析内容包括：审计期企业节能量；企业已实施节能技术改造项目技术措施节能量，由技术措施节能量计算CO_2、SO_2减排量。

具体为：

① 计算审计期企业节能量；

② 审计期上一年到审计期年度节能技改项目的计划和完成情况，企业近两年已实施节能技术改造项目名称、改造内容、投资额、节能经济效益、节能量（有节能实物量并折合当量值、等价值量）要有合计数；

③ 分析对企业节能目标完成所起的作用。

 企业节能潜力分析

1. 现场诊断情况

现场诊断情况主要为对热、电、工艺生产现场诊断。

具体为：诊断意见明确节能潜力。

2. 影响能耗指标变化因素

影响能耗指标变化因素主要为分析能源变化及影响因素。

具体为：从能源结构变化，能源购入、加工转换、输送分配、使用，生产工艺、原材料、设备运行、产品结构变化、采用节能新技术等方面进行针对性分析。

3. 管理节能潜力分析

管理节能潜力分析主要为通过企业节能管理现状分析节能潜力。

具体为：针对节能管理制度等方面存在问题分析。

4. 结构节能潜力分析

结构节能潜力分析主要为对产品结构、重点工艺、装备及主要用能系统进行节能潜力分析。

具体为：根据行业工艺、装备信息，分析企业现有产品结构调整、改革工艺、提高装备水平及信息化方面的节能潜力。

5. 技术节能潜力分析

技术节能潜力分析主要为从能源替代技术、系统优化利用二次能源、节能新技术应用、提高供电供热设备效率、余热利用等方面分析。

具体为：结合现场生产诊断及测试报告对主要供、用能系统，主要用能设备，重点工艺进行节能潜力分析；对企业余能、余热资源分析利用的可能性。

6. 总节能潜力

总节能潜力内容包括：全面分析，与企业历史最好水平比较、与国内外同行业能耗先进指标比较，综合前三项节能潜力，确定企业总节能量。

 第三节 存在问题与建议、审计结论及附件

 存在问题与建议

1. 能源管理存在问题及建议

能源管理存在问题及建议内容包括：列出节能管理存在问题及改进建议清单并汇总，对改进管理的具体措施加以说明。

具体为：

① 从能源管理机构与制度执行、能源购入质量控制消耗与储存、能源计

量、能源统计、加工转换能源利用效率、输送分配管理、设备运行与工艺管理、节能技术改造及设备操作人员培训等方面分析；

② 根据管理中存在的问题提出改进建议，建议应具有操作性。

2. 主要节能技术改造项目建议

主要节能技术改造项目建议内容包括：列出节能技术改造项目清单，并汇总主要节能技术改造项目技术上和经济上可行性进行简要分析。

具体为：

① 对主要节能技术改造项目技术上和经济上可行性进行简要分析；

② 节能技改项目的节能量与节能潜力差距较大时，必须阐明原因；

③ 采用的节能技术应是先进的，应有资金来源说明、技术上的保障、计划完成时间，项目节能量合计应分别折算当量值、等价值。

3. 主要节能技改项目减排效果

主要节能技改项目减排效果内容包括 CO_2、SO_2 烟尘等减排量计算。

具体为：按节能量计算，按节约实物量折算出当量值、等价值。

 审计结论

审计结论内容包括：

① 对企业年节能目标和主要经济技术指标完成情况的评价；

② 对企业能源管理和节能技术进步状况的评价；

③ 对各项能耗指标对标结果、设备测试结果、企业能源利用状况等。

 附件

必要附件内容包括：

① 涉及能源审计单位的有关国家、市、区/县关于开展能源审计工作通知文件；

② 企业报送统计部门的各种能源年报；

③ 有资质机构出具的用能设备监测报告及设备热平衡测试报告的监测、测试结论，设备测试的热平衡表、技术指标、效率、评价建议等。

第十二章
企业环境信用评价服务

企业环境信用评价是指环保部门根据企业环境行为信息，按照规定的指标、方法和程序，对企业环境行为进行信用评价，确定信用等级，并向社会公开，供公众监督和有关部门、机构及组织应用的环境管理手段。

企业环境信用评价等级和信息来源

企业环境信用评价内容包括污染防治、生态保护、环境管理、社会监督四个方面。企业的环境信用等级分为环保诚信企业、环保良好企业、环保警示企业、环保不良企业四个等级，依次以绿牌、蓝牌、黄牌、红牌表示。

 企业环境信用评价等级

① 环保部门根据参评企业的环境行为信息，按照企业环境信用评价指标及评分方法，得出参评企业的评分结果，确定参评企业的环境信用等级。环保部门根据企业环境信用评价指标及评分方法，对遵守环保法规标准并且各项评价指标均获得满分，同时还自愿开展下列两种以上活动，积极履行环保社会责任的参评企业，可以评定为"环保诚信企业"：

a.在污染物排放符合国家和地方规定的排放标准与总量控制指标的基础上，自愿与环保部门签订进一步削减污染物排放量的协议，并取得协议约定的减排效果的；

b.自愿申请清洁生产审核并通过验收的；

c.自愿申请环境管理体系认证并通过认证的；

d.根据环境保护部为规范企业环境信息公开行为而制定的国家标准，即《企业环境报告书编制导则》（HJ 617—2011），全面、完整地主动公开企业环境信息的；

e.主动加强与所在社区和相关环保组织的联系与沟通，就企业的建设项目和经营活动所造成的环境影响听取意见和建议，积极改善企业环境行为，并取得良好环境效益和社会效果的；

f.自愿选择遵守环保法规标准的原材料供货商，优先选购环境友好产品和服务，积极构建绿色供应链，倡导绿色采购的；

g.主动举办或者积极参与环保知识宣传等环保公益活动的；

h.主动采用国际组织或者其他国家先进的环境标准与环保实践惯例的；

i.自愿实施履行环保社会责任的其他活动的。

② 在上一年度，企业有下列情形之一的，实行"一票否决"，直接评定为"环保不良企业"：

a.因为环境违法构成环境犯罪的；

b.建设项目环境影响评价文件未按规定通过审批，擅自开工建设的；

c.建设项目环保设施未建成、环保措施未落实、未通过竣工环保验收或者验收不合格，主体工程正式投入生产或者使用的；

d.建设项目性质、规模、地点、采用的生产工艺或者防治污染、防止生态破坏的措施发生重大变动，未重新报批环境影响评价文件，擅自投入生产或者使用的；

e.主要污染物排放总量超过控制指标的；

f.私设暗管或者利用渗井、渗坑、裂隙、溶洞等排放、倾倒、处置水污染物，或者通过私设旁路排放大气污染物的；

g.非法排放、倾倒、处置危险废物，或者向无经营许可证或者超出经营许可范围的单位或个人提供或者委托其收集、储存、利用、处置危险废物的；

h.环境违法行为造成集中式生活饮用水水源取水中断的；

i.环境违法行为对生活饮用水水源保护区、自然保护区、国家重点生态功能区、风景名胜区、居住功能区、基本农田保护区等环境敏感区造成重大不利影响的；

j.违法从事自然资源开发、交通基础设施建设，以及其他开发建设活动，造成严重生态破坏的；

k.发生较大及以上突发环境事件的；

l.被环保部门挂牌督办，整改逾期未完成的；

m.以暴力、威胁等方式拒绝、阻挠环保部门工作人员现场检查的；

n.违反重污染天气应急预案有关规定，对重污染天气响应不力的。

被评定为环保不良企业，或者连续两年被评定为环保警示企业的，两年之内不得被评定为环保诚信企业。

 评价信息来源

企业环境信用评价，应当以环保部门通过现场检查、监督性监测、重点污染物总量控制核查，以及履行监管职责的其他活动制作或者获取的企业环境行为信息为基础。省级环保部门可以对用于企业环境信用评价的数据来源和采集频次等事项，做出具体规定。

环保部门在评价企业环境信用过程中，可以综合考虑企业自行监测数据、排污申报登记数据。公众、社会组织以及媒体提供的企业环境行为信息，经核实后可以作为企业环境信用评价的依据。环保部门可以要求参评企业协助提供有关企业环境管理规章制度、企业环保机构和人员配置等企业内部环境管理方面的信息，该信息经核实后可以作为企业环境信用评价的依据。

组织实施企业环境信用评价的环保部门，可以向有关发展改革部门查询和调取参评企业项目投资管理方面的信息，也可以向有关银行业监管机构查询和调取参评企业申请和获取信贷资金方面的信息。

 第二节　企业环境信用评价程序和指标

 企业环境信用评价程序

企业环境信用评价周期原则上为一年，评价期间原则上为上一年度。评价结果反映企业上一年度1月1日至12月31日期间的环境信用状况。企业环信用评价工作原则上应当在每年4月底前完成，省级环保部门可以根据实际情况，对评价周期、评价期间和完成时限做出调整。

组织实施企业环境信用评价的环保部门，应当在每年1月底前，确定纳入本年度环境信用评价范围的企业名单，并通过本部门政府网站公布，同时报送上级环保部门备案。

环保部门应当于每年2月底前，根据规定的评价指标及评分方法，对企业环境行为进行信用评价，就企业的环境信用等级，提出初评意见。初评意见应当及时反馈参评企业，并通过政府网站进行公示，公示期不得少于15天。有关企业对初评意见有异议的，应当在初评意见公示期满前，向发布公示的环保部门提出异议，并提供相关资料或证据；未反馈意见的，视为无异议。公众、环保团体或者其他社会组织，对初评意见有异议的，可以在公示期满前，向发布公示的环保部门提出异议，并提供相关资料或证据。

环保部门应当在收到对初评意见的异议之日起20个工作日内进行复核，并将复核意见告知异议人。复核需要现场核查、监测或者鉴定的，所需时间不计入复核期间。

企业、公众、环保团体或者其他社会组织对初评意见提出异议，环保部门对异议人的告知，可以采用信函、传真、电子邮件等书面方式。

 企业环境信用评价指标及评分方法

企业环境信用评价指标及评分方法见表12.1。

表12.1 企业环境信用评价指标及评分方法

类别	序号	指标名称	权重	参考分档分值		
				第1档（80~100分）	第2档（50~79分）	第3档（0~49分）
污染防治	1	大气及水污染物达标排放	15%	每个排污口监督性监测达标率在90%以上（含90%）	有排污口监督性监测达标率为75%（含75%）~90%	有排污口监督性监测达标率低于75%（低于50%为0分）
	2	一般固体废物处理处置	5%	固体废物处理处置率在95%以上（含95%）	固体废物处理处置率为80%（含80%）~95%	固体废物处理处置率低于80%

类别	序号	指标名称	权重	参考分档分值		
				第1档（80～100分）	第2档（50～79分）	第3档（0～49分）
污染防治	3	危险废物规范化管理	5%	根据《危险废物规范化管理指标体系》（环办［2011］48号），危险废物规范化管理综合评估为达标	根据《危险废物规范化管理指标体系》（环办［2011］48号），危险废物规范化管理综合评估为基本达标	根据《危险废物规范化管理指标体系》（环办［2011］48号），危险废物规范化管理综合评估为不达标
	4	噪声污染防治	4%	工业企业厂界环境噪声排放符合规定	工业企业厂界环境噪声排放值超标5dB（A）以下［含5dB（A）］	工业企业厂界环境噪声排放值超标5dB（A）以上
生态保护	5	选址布局中的生态保护	2%	厂（场）选址、布局符合生态功能区划和生态红线的有关要求	厂（场）选址、布局不符合生态功能区划和生态红线的有关要求，但对生态环境影响较轻的	厂（场）选址、布局严重违反生态功能区划和生态红线的有关要求，对生态环境造成严重影响的
	6	资源利用中的生态保护	1%	生产经营过程中的自然资源利用、原材料收购等活动，符合有关法律法规和国际公约规定	生产经营过程中的自然资源利用、原材料收购等活动，违反有关法律法规和国际公约规定，但情节较轻	生产经营过程中的自然资源利用、原材料收购等活动，违反有关法律法规和国际公约规定，情节严重，破坏生态环境或者造成重大社会影响
	7	开发建设中的生态保护	2%	工程项目开发建设过程中，生态保护措施全部落实，生态破坏及时清理修复	工程项目开发建设过程中，生态保护措施全部落实，生态破坏基本得到清理修复	工程项目开发建设过程中，生态保护措施落实情况和生态破坏清理修复程度较差
环境管理	8	排污许可证	6%	按规定办理、申请换领排污许可证	未按规定办理或申请换领排污许可证，经责令改正后予以改正的	拒绝办理或申请换领排污许可证，或者被暂扣、吊销排污许可证
	9	排污申报	2%	按规定进行排污申报	未按规定进行排污申报，经责令改正后予以改正的	排污申报中故意虚报、瞒报、拒报
	10	排污费缴纳	2%	依法及时足额缴纳排污费	未按规定缴纳排污费，被责令限期缴纳后才缴纳的	有以下情形之一的：1.未按规定缴纳排污费，逾期未缴纳；2.以欺骗手段骗取批准减缴、免缴或者缓缴排污费

续表

类别	序号	指标名称	权重	参考分档分值		
				第1档（80～100分）	第2档（50～79分）	第3档（0～49分）
环境管理	11	污染治理设施运行	6%	治污设施正常运转率在95%以上（含95%）	有以下情形之一的：1.治污设施能力不足或者正常运转率为70%（含70%）～95%；2.被查实不正常使用污染治理设施1次	有以下情形之一的：1.治污设施正常运转率低于70%；2.被查实不正常使用污染治理设施2次及以上；3.擅自闲置或拆除治污设施
	12	排污口规范化整治	3%	排污口设置规范，按规定安装自动在线监控仪器并联网，正常运转率在90%以上（含90%）	排污口设置基本规范，按规定安装自动在线监控仪器并联网，但正常运转率在60%（含60%）～90%	有以下情形之一的：1.排污口设置不规范；2.未按规定安装自动在线监控仪器；3.故意不正常使用自动监控系统；4.擅自拆除、闲置、破坏自动监测系统；5.自动在线监控仪器正常运转率低于60%
	13	企业自行监测	2%	按要求开展自行监测，企业自行监测完成率在75%以上（含75%）	自行监测开展不全面，企业自行监测完成率为55%（含55%）～75%	未按要求开展自行监测，企业自行监测完成率低于55%
	14	内部环境管理情况	5%	有环保机构和专（兼）职环保管理人员，治污设施操作人员经过定期培训并持证上岗，内部环保管理制度健全，各治污设施基础资料，操作管理台账齐全	有以下情形之一的：1.有环保机构和专（兼）职环保管理人员，但是治污设施操作人员未经过定期培训或不具备上岗资格；2.企业内部环保管理制度不健全；3.各治污设施基础资料、操作管理台账不齐全	有以下情形之一的：1.未设置环保机构和专（兼）职环保管理人员；2.未建立企业内部环保管理制度；3.无治污设施基础资料、操作管理台账等环保档案材料
	15	环境风险管理	10%	按要求编制《突发环境事件应急预案》并备案，建立环境安全隐患排查治理制度并执行到位，定期开展环境应急演练，按规定投保强制性环境污染责任保险	有以下情形之一的：1.按要求编制《突发环境事件应急预案》，但未备案；2.建立环境安全隐患排查治理制度，但存在一般环境安全隐患；3.未定期开展环境应急演练；4.经多次督促才按规定投保强制性环境污染责任保险	有以下情形之一的：1.未按要求编制《突发环境事件应急预案》；2.未建立环境安全隐患排查治理制度，或者存在重大环境安全隐患；3.未开展环境应急演练；4.按规定应当投保强制性环境污染责任保险但未投保

续表

类别	序号	指标名称	权重	参考分档分值		
				第1档（80～100分）	第2档（50～79分）	第3档（0～49分）
环境管理	16	强制性清洁生产审核	3%	按规定完成强制性清洁生产审核	未在规定时间内按要求完成强制性清洁生产审核	未按照要求开展强制性清洁生产审核
	17	行政处罚与行政命令	15%	积极配合环保执法监督，无环境违法违规行为，未受到相关行政处罚，无被责令改正或限期改正违法行为	因环境违法行为受到行政处罚或者被责令改正、限期改正违法行为1次，罚款不超过10万元	有以下情形之一的：1.因环境违法行为受到行政处罚或者被责令改正、限期改正违法行为2次及以上；2.罚款超过10万元；3.未履行行政处罚决定与行政命令，未按要求落实整改要求
社会监督	18	群众投诉	4%	无经查属实的环境信访、投诉	有3次以下（含3次）经查属实的环境信访、投诉，但能及时解决	有以下情形之一的：1.有3次以上经查属实的环境信访、投诉；2.有经查属实的环境信访、投诉，且拒不采取有效措施，造成负面社会影响
	19	媒体监督	2%	未因环境失信行为遭新闻媒体曝光	因环境失信行为遭新闻媒体曝光1次，造成一定社会影响	因环境失信行为遭新闻媒体曝光2次以上（含2次），或者造成较大社会影响
	20	信息公开	4%	根据有关法律法规和规范性文件要求，应当在所在地主要媒体上公布主要污染物排放情况等环境信息，及时公开	根据有关法律法规和规范性文件要求，应当在所在地主要媒体上公布主要污染物排放情况等环境信息，未在规定时限内公开，或者公开内容不符合规定的	有以下情形之一的：1.根据有关法律法规和规范性文件要求，应当在所在地主要媒体上公布主要污染物排放情况等环境信息，但未公布；2.经查实或媒体曝光，公开虚假环境信息，或者对社会公众进行虚假环保宣传，情节严重
	21	自行监测信息公开	2%	按要求如实发布自行监测信息，企业自行监测结果公布率在75%以上（含75%）	自行监测信息公开不全面，企业自行监测结果公布率55%（含55%）～75%	有以下情形之一的：1.企业拒不公开自行监测信息，或者自行监测信息弄虚作假；2.企业自行监测结果公布率低于55%
合计			100%			

第十三章
企业环境报告书编制服务

企业环境报告书主要反映企业的管理理念、企业文化、企业环境管理的基本方针以及企业为改善环境、履行社会责任所做的工作。它以宣传品的形式在媒体上公开向社会发布，是企业环境信息公开的一种有效形式。

第一节　企业环境报告书编制原则及流程

编制目的

通过编制和发布企业环境报告书，既可以不断完善企业环境管理体系，提高环境管理水平，加大环保工作力度，树立企业绿色形象；也可以实现企业与社会及利益相关者之间的环境信息交流，进一步促进企业履行社会责任，为建设资源节约型、环境友好型社会做出贡献。

编制原则

1. 相关性、综合性原则

相关性是指企业环境报告书的编制必须最大限度地满足各种不同利益相关者的要求；综合性是指在既定的范围内，最大限度地反映企业环境报告书编制单位在经济、环境和社会方面取得的成就、存在的问题及发展趋势。

2. 准确性、可比性原则

准确性是指在收集、计算、统计数据及描述、披露信息时能客观反映事实，采用数据正确，计算数据准确；可比性是指企业环境报告书应保持报告范围的连贯性，允许利益相关者对企业不同时期的经济、社会效益和环境绩效进行纵向比较，采用规范要求的术语、单位和计算方法，便于不同企业之间的比较。

3. 通俗性、及时性原则

通俗性是指企业环境报告书在编写时使用通俗、易懂的方式表达企业环境报告书的信息；及时性是指企业环境报告书编制单位利用网络、电视等媒介对与利益相关者有密切关系的事项进行及时的动态报道。

 编制工作流程

企业环境报告书编制的工作流程分为四个阶段，见图13.1。

第一阶段（筹备与策划阶段）：企业成立环境报告书编制领导小组，讨论企业环境报告书编制的相关事宜，确定企业环境报告书的编制工作组（企业自行组织或委托第三方）、编制内容和完成时间。

第二阶段（资料收集与分析阶段）：编制工作组收集国内外典型企业的环境报告书、国际普遍采用的环境保护指令、国内关于环境保护以及环境信息公开的法律法规及政策等相关资料；分析国内外企业环境报告书的推广应用状况和发展趋势；根据企业环境报告书编制单位的基本信息和环境信息，编制工作方案，提出企业环境报告书编制大纲。

第三阶段（编制阶段）：根据企业环境报告书编制大纲，依据标准选择相应指标，起草企业环境报告书文本，并对相关内容进行必要的说明。

第四阶段（审阅与发布阶段）：企业环境报告书编制单位组织相关人员对环境报告书文本进行评阅；根据评阅意见，编制工作组对企业环境报告书内容和格式进行进一步修改与完善后，向社会公开发布。

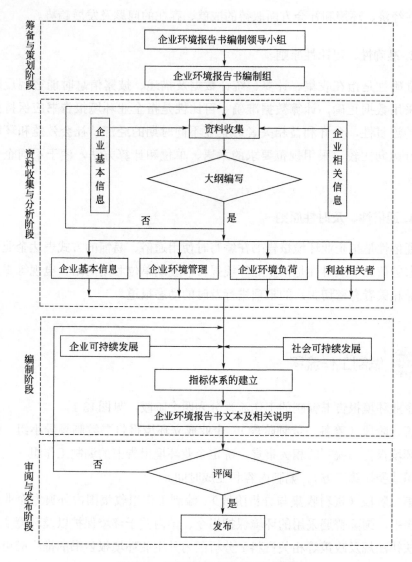

图13.1 企业环境报告书编制工作流程

四 编制基本要点

1. 报告界限

对于由多个分支机构组成的企业，在披露企业环境状况尤其是企业生产经营活动所伴随的环境负荷时，应明确说明报告界限。

2. 报告时限

报告周期原则为一个财政年度。所采集信息主要来自上一个财政年度企业的相关活动。如果某项环保措施的完成周期超过一年，企业应对项目完成后可能取得的效果或达到的目标予以披露，并注明数据的不确定性及原因。

3. 计算方法

企业环境报告书中所涉及的资源与能源消耗、污染排放和资源循环利用率等指标值应按 HJ 617—2011 第 7 章中所列方法进行计算。

4. 指标确定

企业环境报告书的每项共性内容均由多个指标组成，指标分为基本指标和选择指标。基本指标是必须披露的指标，选择指标是可选择性披露的指标。企业应按 HJ 617—2011 附录 B 尽可能多地加入选择指标，不断丰富企业环境报告书内容，对于一些较为特殊的企业，也可以根据自身行业特点选择对环境影响较大的项目作为环境报告书应披露的指标内容。

第二节 企业环境报告书内容

企业环境报告书内容主要包括高层致辞、企业概况及编制说明、环境管理状况、环保目标、降低环境负荷的措施及绩效以及与社会及利益相关者的关系。

在编制企业环境报告书时，除应阐述共性内容之外，还应结合企业的行业特点和利益相关者关注的焦点，适时增加企业环境报告书的内容。

高层致辞

① 对全球或地区环境问题、企业开展环境经营的必要性和企业可持续发展重要性的认识；

② 企业环境方针及发展战略；

③ 结合行业特点阐述企业开展环境经营的主要途径及目标；

④ 向社会做出关于实施环保行动及实现期限的承诺；

⑤ 企业在经济、环境和社会责任方面所面临的主要挑战及对企业未来发展的影响；

⑥ 致辞人的签名。

 企业概况及编制说明

1. 企业概况

① 企业名称、总部所在地、创建时间；

② 企业总资产、销售额或产值、员工人数；

③ 企业所属的行业及规模、主要产品或服务；

④ 企业经营理念和企业文化；

⑤ 企业管理框架及相关政策；

⑥ 员工对企业的评价；

⑦ 在报告时限内企业在规模、结构、管理、产权、产品或服务等方面发生重大变化的情况。

本节内容适用于首次发布环境报告书的企业，在后续发布的报告书中根据企业的实际情况，进行适当调整。

2. 编制说明

① 对由多个分支机构组成的企业，应明确企业环境报告书内容是否涵盖各分支机构的信息；

② 明确企业环境报告书所提供信息的时间范围、企业环境报告书发行日期及下次发行的预定日期；

③ 用以保证和提高企业环境报告书准确性、真实性的措施及承诺；

④ 第三方验证情况；

⑤ 编制人员及联系方式（电话、传真、电子邮箱及网址），意见咨询及信息反馈方式。

 环境管理状况

1. 环境管理体制及措施

① 企业管理结构：企业管理结构图、分支机构数量、管理机构职能及管理人员数量。

② 企业环境管理体制和管理制度：企业内部环境管理机构、各部门权限及责任分工、管理机构的运转流程，企业规定的环境管理制度及其实施状况。

③ 企业环境经营项目：企业开展环境经营的领域及实施项目。

④ 企业开展ISO 14001环境管理体系认证及实施状况。如果企业是以分支机构为单位进行认证，应说明已获得ISO 14001环境管理体系认证的分支机构数量、所占机构总数比例和人员数量比例及通过认证时间等；企业开展清洁生产工作的情况和绩效。

⑤ 企业环境标志及意义说明，环境标志产品认证情况。

⑥ 与环保相关的教育及培训情况，获得各级政府部门和行业协会颁发的环保荣誉和奖励情况。

2. 环境信息公开及交流情况

① 企业以环境报告书、网站或环境信息发布会等方式进行环境信息公开的情况；

② 企业与利益相关者进行环境信息交流的方式、次数、规模和内容等情况；

③ 企业与社会合作开展环保活动的情况；

④ 企业对内对外提供的环保教育项目；

⑤ 公众对企业环境信息公开的评价。

3. 相关法律法规执行情况

① 报告时限内如果发生过重大环境污染事故及环境违法事件，企业应介绍发生的原因、受到的行政处罚及采取的相应措施；披露主要产品或服务等曾出现的重大环境问题。

② 企业应对环境信访案件的处理措施与方式。

③ 具有环境检测资质的机构对企业排放污染物的检测结果及评价。

④ 企业应对环境突发事件的应急措施及应急预案（必要时包括事故应急池建设情况）。

⑤ 企业新建、改建和扩建项目环境影响评价审批和"三同时"制度执行情况。

⑥ 企业生产工艺、设备、产品与国家产业政策的符合情况。

（四）环保目标

1. 环保目标及完成情况

① 对企业制定的上一年度环保目标及完成情况进行量化说明；

② 完成年度环保目标所采取的主要方法与措施；

③ 制定企业下一年度环保目标；

④ 将企业报告时限内环境绩效与之前财政年度进行比较（首次编写企业应至少比较前3年的环境绩效）。

2. 企业的物质流分析

① 生产经营中原材料、燃料、水、化学物质、纸张及包装材料等资源和能源的消耗量；

② 产品或服务产出情况及废弃产品的回收利用量；

③ 生产经营中废气、废水、固体废物的产生量及处理量；二氧化硫、氮氧化物、化学需氧量、氨氮和重金属等主要污染物的处理量及排放量；

④ 能源消耗产生的温室气体排放量；

⑤ 说明企业环境保护设施的稳定运行情况和运行数据。

3. 环境会计

① 生产经营过程中实施清洁生产的费用、污染防治费用、环境管理费用、环境友好产品研发费用、环保教育及培训等相关环保活动费用；

② 在降低环境负荷、消除环境负面影响等各项环保活动中获得的环境效益；

③ 上述环保活动所产生的直接或间接经济效益。

降低环境负荷的措施及绩效

1. 与产品或服务相关的降低环境负荷的措施

① 环境友好型生产技术、作业方法、服务模式的研发状况；

② 产品研发过程中生命周期评价；

③ 企业的环境友好型产品定义及标准；

④ 产品节能降耗、有毒有害物质替代等方面的研发情况；

⑤举例说明环境友好型的产品或服务；

⑥ 产品或服务获得环境管理或环境标志的认证情况；

⑦ 环境标志产品的生产量及销售量。

2. 废弃产品的回收和再生利用

① 产品生产总量或销售总量；

② 包装容器使用量；

③ 废弃产品及包装容器的回收量；

④ 产品再生利用情况。

3. 生产经营过程的能源消耗及节能情况

① 能源消耗总量；

② 能源的构成及来源；

③ 能源的利用效率及节能措施；

④ 可再生能源的开发及利用情况。

4. 温室气体排放量及削减措施

① 温室气体排放种类及排放量；

② 削减温室气体排放量的措施。

5. 废气排放量及削减措施

① 废气排放种类、排放量及削减措施；

② 废气处理工艺和达标情况；

③ 二氧化硫、氮氧化物排放量及减排效果；

④ 烟尘等污染物的排放及治理情况；

⑤ 特征污染物排放及治理情况（包括重金属）。

6. 物流过程的环境负荷及削减措施

① 降低物流过程环境负荷的方针及目标；
② 总运输量及运输形式；
③ 物流过程中主要污染物产生情况及削减措施。

7. 资源（除水资源）消耗量及削减措施

① 消耗总量及削减措施；
② 各种资源的消耗量及所占比例；
③ 主要原材料消耗量及削减措施；
④ 资源产出率及提高措施；
⑤ 资源循环利用率及提高措施。

8. 水资源消耗量及节水措施

① 来源、构成比例及消耗量；
② 重复利用率及提高措施。

9. 废水产生量及削减措施

① 废水产生总量及排水所占比例；
② 废水处理工艺、水质达标情况及排放去向；
③ 化学需氧量、氨氮排放量及削减措施；
④ 特征污染物排放情况及控制措施（包括重金属）。

10. 固体废物产生及处理处置情况

① 产生总量及减量化措施；
② 综合利用情况及最终处置情况（包括重金属）；
③ 相关管理制度情况；
④ 危险废物管理情况。

11. 危险化学品管理

① 产生、使用和储存情况；

② 排放和暴露情况；

③ 减少危险化学品向环境排放的控制措施，及持续减少有毒有害化学物质产生的措施；

④ 运输、储存、使用及废弃等环节的环境管理措施。

12. 噪声污染状况及控制措施

① 厂界噪声污染状况；

② 采取的主要控制措施。

13. 绿色采购状况及相关对策

① 方针、目标和计划；

② 相关管理措施；

③ 现状及实际效果；

④ 环境标志产品或服务的采购情况。

 与社会及利益相关者关系

1. 与消费者的关系

与产品信息和环境标志相关的提示和安全说明。

2. 与员工的关系

完善员工劳动环境安全和卫生的方针、计划及相关行动。

3. 与公众的关系

① 企业参与所在地区环境保护的方针及计划；

② 企业与社区及公众开展环境交流活动情况。

4. 与社会的关系

企业参与环保等社会公益活动情况。

第十四章
环境认证服务

ISO 环境管理体系认证

环境管理体系是一个组织内全面管理体系的组成部分，它包括为制定、实施、实现、评审和保持环境方针所需的组织机构、规划活动、机构职责、惯例、程序、过程和资源。还包括组织的环境方针、目标和指标等管理方面的内容。

环境管理体系认证是指由第三方公证机构依据公开发布的环境管理体系标准（ISO 14000 环境管理系列标准），对供方（生产方）的环境管理体系实施评定，评定合格的由第三方机构颁发环境管理体系认证证书，并给予注册公布，证明供方具有按既定环境保护标准和法规要求提供产品或服务的环境保证能力。通过环境管理体系认证，可以证实生产厂使用的原材料、生产工艺、加工方法以及产品的使用和用后处置是否符合环境保护标准和法规的要求。

 ISO 环境管理体系认证的重要性

ISO 环境管理体系认证的重要性主要体现在以下七点：

① 实施 ISO 14000 系列标准有利于实现经济增长方式从粗放型向集约型的转变。该标准要求企业从产品开发、设计、制造、流通（包装、运输）、使用、报废处理到再利用的全过程的环境管理与控制，使产品从"摇篮到坟墓"的全流程都符合环境保护的要求，以最小的投入取得最大的环境效益和经济效益。

② 实施ISO 14000系列标准有利于加强政府对企业环境管理的指导，提高企业的环境管理水平。

③ 实施ISO 14000系列标准有利于提高企业形象和市场份额，获得竞争优势，促进贸易发展。随着全球环境意识的日益高涨，"绿色产品""绿色产业"可以优先占领市场从而获得较高的竞争力，提高企业形象，从而取得显著的经济效益。

④ 实施ISO 14000系列标准有利于节能降耗、提高资源利用率、减少污染物的产生与排放量。

⑤ 实施ISO 14000系列标准还有利于减少环境风险和各项环境费用（投资、运行费、赔罚款、排污费等）的支出，从而达到企业的环境效益与经济效益的协调发展，为实现可持续发展战略创造条件。

⑥ 实施ISO 14000系列标准还有利于改善企业与社会的公共关系。如由于减少了噪声、粉尘等污染，势必会减少周围社区的负面评价，从而改善社区公共关系。

⑦ 对一个组织而言，实施ISO 14000标准就是将环境管理工作按照标准的要求系统化、程序化和文件化，并纳入整体管理体系的过程，是一个使环境目标与其他目标（如经营目标）相协调一致的过程。

建立环境管理体系强调以污染预防为主，强调与法律、法规和标准的符合性，强调满足相关方的需求，强调全过程控制，有针对性地改善组织的环境行为，以期达到对环境的持续改进，切实做到经济发展与环境保护同步进行，走可持续发展道路。

 ISO环境管理体系认证过程

1. 建立环境管理体系

这一阶段，组织应建立并实施ISO 14001环境管理体系，从形式上符合ISO 14001标准的要求。ISO 14001环境管理体系的建立和实施遵循自愿原则，由组织最高管理者决策建立和实施ISO 14001环境管理体系，具体应完成以下五个方面的内容：

（1）做好人、财、物方面的准备

由最高管理者书面任命环境管理者代表；最高管理者应授权建立相应的机

构，并给予人力和财物方面的支持，以保证体系建立和运行的需要。

（2）要做好初始环境评审

这项工作是对组织过去和现在的环境管理情况进行评价、经验总结，找出存在的主要环境问题并分析其风险，以确定控制方法和将来的改进方向。一般来说，初始环境评审应组建由从事环保、生产、技术、设备等各方面的专业技术人员组成工作组。工作组要完成法律法规的识别和评价，环境因素的识别和评价，现有环境管理制度和 ISO 14001 标准差距的评价，并形成初始环境评审报告。

（3）要完成环境管理体系策划工作

所谓的环境管理体系策划，就是根据初始环境评审的结果和组织的经济技术实力，制定环境方针；确定环境管理体系构架；确定组织机构与职责；制定目标、指标、环境管理方案；确定哪些环境活动需要制定运行控制程序。

（4）编制体系文件

ISO 14001 环境管理体系是一个文件化的环境管理体系，需编制环境管理手册、程序文件、作业指导书等。

（5）运行环境管理体系

环境管理体系文件编制完成，正式颁布，就标志着环境管理体系已经建立并投入运行。

在体系运行期间，为审查组织的环境管理活动是否已按环境管理体系文件的规定进行，环境管理体系是否得到了正确的实施和保持，为确定体系的持续适用性、充分性、有效性，组织应组织内部审核和管理评审。

贯穿这些工作始终的另一项重要工作是全员培训，建立和实施环境管理体系强调全员参与，建立和实施环境管理体系的任何一个环节，都有赖于全体人员共同努力，任何一个员工都不可能游离于体系之外，为使他们都能理解并以实际行动支持体系的建立和运行，组织必须进行充分的培训，内容从 ISO 14001 标准，到环境方针，到适用法律法规，到个人职责，到重要环境因素，到体系文件，到作业指导书，到运行记录等。

如果组织在建立和实施体系的过程中，需要人员培训和技术支持，可以向环境管理体系咨询机构寻求帮助。按照我国规定，ISO 14001 环境管理体系咨询机构必须在生态环境部相关部门注册备案。

2. 环境管理体系认证

（1）受理申请方的申请

经过内审和管理评审，组织如果确认其环境管理体系基本符合ISO 14001标准要求，对组织适用性较好，且运行充分、有效，可向已获得中国环境管理体系认证机构认可委员会认可有认证资格的认证机构提出认证申请并签订认证合同，进入ISO 14001环境管理体系认证审核阶段。

认证审核是认证机构受组织委托，以第三方身份对组织的环境管理体系与ISO 14001环境管理体系标准的符合性和运行、保持的有效性进行审核验证，并确定是否向组织发放认证证书的过程。为接受认证机构的认证审核，组织应做好充分准备，保持体系有效运行。认证机构会派出审核组，审核组将对组织实施认证审核。

（2）环境管理体系审核

在整个认证过程中，对申请方的环境管理体系的审核是最关键的环节。认证机构正式受理申请方的申请之后，迅速组成一个审核小组，并任命一个审核组长，审核组中至少有一名具有该审核范围专业项目种类的专业审核人员或技术专家，协助审核组进行审核工作。审核工作大致分为3步：

① 文件审核。对申请方提交的准备文件进行详细的审查，这是实施现场审核的基础工作。申请方需要编写好其环境管理体系文件，在审核过程中，若发现申请方的环境管理体系（EMS）手册不符合要求，则由其采取有效纠正措施直至符合要求。认证机构对这些文件进行认真审核之后，如果认为合格，就准备进入现场审核阶段。

② 现场审核。在完成对申请方的文件审查和预审基础上，审核组长要制定一个审核计划，告知申请方并征求申请方的意见。申请方接到审核计划之后，如果对审核计划的某些条款或安排有不同意见，立即通知审核组长或认证机构，并在现场审核前解决这些问题。这些问题被解决之后，审核组正式实施现场审核，主要目的就是通过对申请方进行现场实地考察，验证EMS手册、程序文件和作业指导书等一系列文件的实际执行情况，从而来评价该环境管理体系运行的有效性，判别申请方建立的环境管理体系和ISO 14001标准是否相符合。在实施现场审核过程中，审核小组每天都要进行内部讨论，由审核组长主持，全体审核员参加，对本次审核的结构进行全面的评定，确定现场审核中发现的哪些不符合情况需写成不符合项报告及其严重程度。

③ 跟踪审核。申请方按照审核计划与认证机构商定时间纠正发现的不符合项，纠正措施完成之后递交认证机构。认证机构收到材料后，组织原来审核小组的成员对纠正措施的效果进行跟踪审核。如果审核结果表明被审核方报来的材料详细确实，则可以进入注册阶段的工作。

（3）报批并颁发证书

根据注册材料上报清单的要求，审核组长对上报材料进行整理并填写注册推荐表，该表最后上交认证机构进行复审，如果合格，认证机构将编制并发放证书，将该申请方列入获证目录，申请方可以通过各种媒介来宣传，并可以在产品上加贴注册标识。

（4）监督检查及复审、换证

在证书有效期限内，认证机构对获证企业进行监督检查，以保证该环境管理体系符合ISO 14001标准要求，并能够切实、有效地运行。证书有效期满后，或者企业的认证范围、模式、机构名称等发生重大变化后，该认证机构受理企业的换证申请，以保证企业不断改进和完善其环境管理体系。

 ISO环境管理体系认证所需资料

环境管理体系认证所需资料如下：

① 有效版本的环境管理手册及程序文件；

② 营业执照副本复印件和组织机构代码证复印件；

③ 企业状况简介；

④ 组织的环境影响评价报告书（或报告表）；

⑤ 项目的环评批复；

⑥ 组织的"三同时"竣工验收报告；

⑦ 组织的地理位置图、社区平面图和下水管网图；

⑧ 企业的组织机构和相关的职责；

⑨ 体系运行以来三废的监测报告；

⑩ 当地环保部门出具的企业近年来守法的证明；

⑪ 特种设备的档案及相关操作人员的资格证照（特种行业才需提供）；

⑫ 化学品清单（MSDS）；

⑬ 组织的环境目标指标及重大环境因素；

⑭ 组织实用的法律法规清单。

职业健康安全管理体系认证

职业健康安全管理体系（OHSAS）为组织提供一套控制风险的管理方法：通过专业性的调查评估和相关法规要求的符合性鉴定，找出存在于企业的产品、服务、活动、工作环境中的危险源，针对不可容许的危险源和风险制定适宜的控制计划，执行控制计划，定期检查评估职业健康安全规定与计划，建立包含组织结构、职责、培训、信息沟通、应急准备与响应等要素的管理体系，持续改进职业健康安全绩效。

 职业健康安全管理体系认证的重要性

职业健康安全管理体系（OHSAS）认证的重要性主要体现在以下六点：

① 最大限度减少各种工伤事故和职业疾病隐患；

② 提高企业形象，打破贸易壁垒，在国内外竞争中处于有利地位，进而提高市场份额；

③ 增强企业凝聚力，提高经济效益；

④ 满足相关方要求；

⑤ 改善政府、企业、员工三者之间的关系；

⑥ 进一步全面提高企业的总体管理水平。

 职业健康安全管理体系认证过程

1. 建立职业健康安全管理体系

（1）领导决策、成立工作组、人员培训

组织建立体系需要领导者的决策，特别是最高管理者的决策。此外，体系的实施和运行得到充足的资源，这就需要最高管理者对改善组织的职业健康安全行为做出承诺。

当组织的最高管理者做出建立体系的决策后，首先要从组织上落实和保证决策的贯彻实施。为此，组织通常需要成立一个工作组负责建立体系。工作组成员一般来自组织内部的各个部门，为组织今后体系运行的骨干力量。工作组组长最好是将来的管理者代表，或者是管理者代表之一。根据组织的规模、管理水平及人员素质，工作组的规模可大可小，其成员可专职或兼职，工作组可以是一个独立的机构，也可挂靠在某个部门。

在工作组开展工作之前，工作组成员应接受有关体系的标准及相关知识的培训。同时，未来拟承担组织内部的体系审核工作职责的内部审核人员，也要进行相应的培训。

（2）初始状态评审

初始状态评审是建立体系的基础。组织可建立一个评审组承担初始状态评审工作。评审组可由组织的员工组成，也可聘请组织外部的咨询人员，或者两者兼而有之。评审组应对组织过去和现在的职业健康安全信息、状态进行收集、调查和分析，识别和获取现有的适用于组织的职业健康安全法规和其他要求，执行危险源辨识和风险评价。这些结果将作为建立和评审组织的职业健康安全方针、制定目标和职业健康安全管理方案、确定体系的优先项以及编制体系文件和建立体系的基础。

（3）体系策划、文件编制、试运行

体系策划阶段主要是依据初始状态评审的结论制定职业健康安全方针、目标和职业健康安全管理方案，确定组织的机构和职责，筹划各种运行程序等。

由于体系具有文件化管理的特征，编制体系文件是组织实施 OHSAS 18001、建立并维持体系的重要基础工作，也是组织实现预定的职业健康安全目标、评价和改进体系、实现持续改进和风险控制必不可少的依据和见证。体系文件还需要在体系运行过程中定期、不定期地评审和修改，以确保其完善和持续有效。

体系试运行的主要目的是在实践中检验体系的充分性、适用性和有效性。在体系试运行过程中，组织应加强运行力度，努力发挥体系本身所具有的各项功能，及时发现问题，找出其根源，纠正不符合，并对体系加以修正，以便尽快渡过磨合期。体系试运行与正式运行并无本质区别，两者都是按所建立的体系手册、程序文件和作业规程等的要求，整体协调运行。

（4）内部审核

内部审核是体系运行必不可少的环节。体系经过一段时间的试运行，组织应当具备了检验体系是否符合OHSAS 18001标准要求的条件，应开展内部审核。管理者代表应亲自组织内部审核。内部审核员应经过专门知识的培训。如果需要，组织可聘请外部专家参与或主持审核。内部审核员在文件预审时，应重点关注和判断体系文件的完整性、符合性及一致性；在现场审核时，应重点关注体系功能的适用性和有效性，检查是否按体系文件要求去运作。

（5）管理评审

管理评审是体系整体运行的重要组成部分。管理者代表应收集各方面的信息供最高管理者评审。最高管理者应对试运行阶段的体系整体状态做出全面的评判，对体系的适用性、充分性和有效性做出评价。依据管理评审的结论，可以对是否需要调整、修改体系做出决定，也可以做出是否实施第三方认证的决定。

2. 职业健康安全管理体系的认证

（1）职业健康与安全管理体系认证的基本条件

基本条件包括：①申请方具有法人资格，持有有关登记注册证明，具备二级或委托方法人资格；②按职业健康安全管理体系标准要求建立文件化的职业健康安全管理体系；③体系运行3个月以上，覆盖标准的全部17个要素；④申请方的职业健康安全管理体系已按文件的要求有效运行，并至少已做过一次完整的内审及管理评审；⑤遵守适用的安全法规，事故率低于同行业平均水平。

（2）职业健康安全管理体系认证的合同评审

在申请方具备以上基本条件后，认证机构应就申请方提出的条件和要求进行评审，确保：①认证机构的各项要求规定明确，形成文件并得到理解；②认证机构与申请方之间在理解上的差异得到充分的理解；③针对申请方申请的认证范围、运作场所及某些要求（如申请方使用的语言、申请方认证范围内所涉及的专业等），对本机构的认可业务是否包含申请方的专业领域进行自我评审，若认证机构有能力实施对申请方的认证，双方则可签订认证合同。

（3）审核的策划及审核准备

职业健康安全管理体系审核的策划和准备是现场审核前必不可少的重要环节，它主要包括确定审核范围、指定审核组长并组成审核组、制定审核计划以及准备审核工作文件等工作内容。

① 确定审核范围：审核范围是指受审核的职业健康安全管理体系所覆盖的活动、产品和服务的范围。确定审核范围实质上就是明确受审核方做出持续改进及遵守相关法律法规和其他要求的承诺、保证其职业健康安全管理体系实施和正常运行的责任范围。因此，准确地界定和描述审核范围，对认证机构、审核员、受审核方、委托方以及相关方都是极其重要的问题。在职业健康安全管理体系认证的过程中，从申请的提出和受理、合同评审、确定审核组的成员和规模、制定审核计划、实施认证到认证证书的表达无不涉及审核范围。

② 组成审核组：组建审核组是审核策划与准备中的重要工作，也是确保职业健康安全管理体系审核工作质量的关键。认证机构在对申请方的职业健康安全管理体系进行现场审核前，应根据申请方的各种因素，指派审核组长和成员，确定审核组的规模。

③ 制定审核计划：审核计划是指现场审核人员和日程安排以及审核路线的确定（一般应至少提前1周由审核组长通知被审核方，以便其有充分的时间准备和提出异议）。审核计划应经受审核方确认，包括在首次会议上的确认，如受审核方有特殊情况时，审核组可适当加以调整。

职业健康安全管理体系审核一般分为两个阶段，即第一阶段审核和第二阶段现场审核，由于这两个阶段审核工作的侧重点不同，因此，需要分别制定审核计划。

④ 编制审核工作文件：职业健康安全管理体系审核是依据审核准则对用人单位的职业健康安全管理体系进行判定和验证的过程，它强调审核的文件化和系统化，即审核过程要以文件的形式加以记录，因此，审核过程中需要用到大量的审核工作文件，实施审核前应认真进行编制，以此作为现场审核时的指南。

现场审核中需用到的审核工作文件主要包括审核计划、审核检查表、首末次会议签到表、审核记录、不符合报告、审核报告。

（4）审核的实施

职业健康安全管理体系认证审核通常分为两个阶段，即第一阶段审核和第二阶段现场审核。第一阶段审核又由文件审核和第一阶段现场审核两部分组成。

① 文件审核：文件审核的目的是了解受审核方的职业健康安全管理体系文件（主要是管理手册和程序文件）是否符合职业健康安全管理体系审核标准的要求，从而确定是否进行现场审核，同时通过文件审查，了解受审核方的职

业健康安全管理体系运行情况，以便为现场审核做准备。

② 第一阶段现场审核：第一阶段现场审核的目的主要是3个：一是在文件审核的基础上，通过了解现场情况收集充分的信息，确认体系实施和运行的基本情况和存在的问题，并确定第二阶段现场审核的重点；二是确定进行第二阶段现场审核的可行性和条件，即通过第一阶段审核，审核组提出体系存在的问题，受审核方应按期进行整改，只有在整改完成以后，方可进行第二阶段现场审核；三是现场对用人单位的管理权限、活动领域和限产区域等各个方面加以明确，以便确认前期双方商定的审核范围是否合理。

③第二阶段现场审核：职业健康安全管理体系认证审核的主要内容是进行第二阶段现场审核，其主要目的是：证实受审核方实施了其职业健康安全管理方针、目标，并遵守了体系的各项相应程序；证实受审核方的职业健康安全管理体系符合相应审核标准的要求，并能够实现其方针和目标。通过第二阶段现场审核，审核组要对受审核方的职业健康安全管理体系能否通过现场审核做出结论。

（5）纠正措施的跟踪与验证

现场审核的一个重要结果是发现受审核方的职业健康安全管理体系存在的不符合事项。对这些不符合项，受审核方应根据审核方的要求采取有效的纠正措施，制定纠正措施计划，并在规定时间加以实施和完成。审核方应对其纠正措施的落实和有效性进行跟踪验证。

（6）发证后监督与复评

发证后监督包括监督审核和管理，对监督审核和管理过程中发现的问题应及时处置，并在特殊情况下组织临时性监督审核。获证单位认证证书有效期为3年，有效期届满时，可通过复评，获得再次认证。

① 监督审核：监督审核是指认证机构对获得认证的单位在证书有效期限内所进行的定期或不定期的审核。其目的是通过对获证单位的职业健康安全管理体系的验证，确保受审核方的职业健康安全管理体系持续地符合职业健康安全管理体系审核标准、体系文件以及法律、法规和其他要求，确保持续有效地实现既定的职业健康安全管理方针和目标，并有效运行，从而确认能否继续持有和使用认证机构颁发的认证证书和认证标志。

② 复评：获证单位在认证证书有效期届满时，应重新提出认证申请，认证机构受理后，重新对用人单位进行的审核称为复评。

复评的目的是为了证实用人单位的职业健康安全管理体系持续满足职业健

康安全管理体系审核标准的要求，且职业健康安全管理体系得到了很好的实施和保持。

 职业健康安全管理体系认证所需材料

1. 职业健康安全管理体系认证所必需的文件

职业健康安全管理体系认证所必需的文件包括：

① 职业健康安全管理手册，内容包括职业健康安全管理方针、职业健康安全目标及满足管理体系标准的相关规定要求；

② 程序文件：包括职业健康安全源辨别、风险评价和控制程序等11个所需的程序文件；

③ 职业健康安全运行控制所必需的文件：职业健康安全有关的控制规程、检查规范等；

④ 文件编制、审核与发放、修订控制的证据。

2. 职业健康安全管理体系认证前必须提交的资料

职业健康安全管理体系认证前必须提交的资料包括：

① 职业健康安全管理有关的法律、法规和标准清单。

② 职业健康安全管理体系须提供的资料包括：由法定资格的劳动卫生监测部门对企业生产车间内有害物质的监测数据；企业从业人员的职业健康证明；需要时，安全、卫生设施的"三同时"评价和验收报告；重大危险源清单。

③ 目标、指标和控制方案。

3. 管理评审方面的资料

管理评审方面的资料包括：

① 管理评审计划及评审会议的"签到表"；

② 管理评审记录（管理者代表的报告、与会者的讨论发言或书面的材料）；

③ 管理评审报告及评审后的整改计划和措施，纠正、预防和改进措施记录。

4. 内部审核方面的资料

内部审核方面的资料包括：

① 年度内审计划、内审计划及日程安排；

② 内审小组长的任命书、内审成员资格证书复印件；

③ 首末次会议记录、内审检查表（记录）；

④ 内审报告，包括不符合报告及纠正措施验证记录。

5. 人员培训方面的资料

人员培训方面的资料包括：

① 对从事职业健康安全管理有关岗位任职人员的能力进行符合性评价；

② 对职业健康安全管理有关的培训安排及培训实施的记录。

6. 职业健康安全管理体系运行方面的记录资料

职业健康安全管理体系运行方面的记录资料包括：

① 目标、指标和方案及实施效果或结果验证的证据，特别是重大危险源控制方案执行情况，包括应急预案与预案的演练记录，演练过程、结果有效性评价；

② 重大危险源控制证据、有效性检查记录，安全、卫生有关仪器清单、校准计划与校准记录；

③ 职业健康安全管理和控制的证据，包括各部门发生的职业健康安全事故及检查记录；

④ 危险源辨别登记、风险评价与管理记录，合规性评价记录；

⑤ 信息交流有关的证据及职业健康安全有关的检查证据，对不符合的纠正或采取改进措施；

⑥ 各类文件和资料的批准日期都要进行审核；

⑦ 各种职业健康安全记录签字要齐全。

第五部分

案例篇

第十五章
案例一　某街道环保管家项目

　　本章以天津市塘沽鑫宇环保科技有限公司完成的《某街道环保管家项目》为案例，介绍环保管家服务在实际中的应用。

　　天津市塘沽鑫宇环保科技有限公司是以水污染治理、环保技术开发、技术咨询、防风抑尘网工程等为主营业务的综合性环保科技公司，坐落于滨海新区塘沽海洋高新区内，获得"国家高新技术企业""天津市企业创新工程奖"和"中国低碳节能优秀企业"等称号。公司已形成了集技术研发、工程设计、工程施工、装备制造、运营管理"五位一体"的服务格局和"技术研发-成果转化-产业化应用"环保产业链条，可为园区和企业开展"政策咨询-环保治理-环保验收"一条龙式的环保管家服务。

 总体方案

　　结合区环保工作思路以及街道绿色发展、环保治理等特点，定制环保管家服务，以强化街道环境管理专业技术能力，协助解决街道在环保工作中的重大难题，排查企业现有环境问题。根据街道提交的园区内企业名单，对相关企业进行环保管理、监督、排查、整治，并配合街道进行环保监督工作。根据提交的地表水源监测点位清单，对水质监测点位实行定期监测，将监测数据提交街道，配合街道做好水污染治理工作。根据提交的土壤治理工作清单，对街道指定的地块实施土壤场勘场调工作，并配合街道做好土壤场地调查监督及治理工作，协助街道对场勘场调结果和修复治理效果实施审查。项目总体工作方案见表15.1。

　　此次环保管家服务内容主要包括：

　　①国家环保法律法规解读；

② 工业区内整体环境及企业环境监测、隐患排查；

③ 环境影响咨询服务；

④ 重点污染企业环境问题审查；

⑤ 街道地表水检测；

⑥ 土壤污染调查咨询。

表15.1 某街道环保管家项目总体工作方案

序号	服务项目	内容	备注
1	国家环保法律法规解读	组织专家对街道管理人员及区内企业开展环保法规政策解读及培训、《×××年度环保法律、法规汇编》	全年3次
2	工业区内整体环境及企业环境监测、隐患排查	《×××年度××街道整体环境排查报告、企业环境自行监测计划及企业环境问题整改清单》《××街道涉气、涉水、涉土企业环境影响分类统计表》	全年2次
3	环境影响咨询服务	提供环保咨询和环境风险评估服务	全年不限次数
4	重点污染企业环境问题检查	《××街道重点污染企业名录》《××街道重点污染企业环境问题检查报告》	全年4次
5	街道地表水监测	《××街道地表水监测点监测报告》	全年4次（每季度一次）
6	土壤污染调查咨询	《××街道×××地块土壤监测实施意见》	全年不限次数

 具体服务项目实施方案

1. 国家环保法律法规解读

① 组织专家团队对街道管理人员及街道内企业开展环保相关法律法规、政策及标准的解读及培训，使其及时了解国家环保法规政策动向；

② 组织专家团队对街道管理人员及街道内企业开展环保制度、环境管理体系等方面的培训，使其掌握环境管理相关制度，提升园区整体环保水平；

③ 全年开展国家环保法律法规解读宣讲3次。

2. 工业区内整体环境及企业环境监测、隐患排查

① 街道整体环境排查。组织环保巡查小组及专家团队，对街道整体环境影响因素进行整体排查及隐患分析。

② 区内企业环境排查。根据街道提供的信息，对街道内所有企业进行环

境排查，主要包括基础信息、建设项目信息、生产信息、公辅设施情况、生产工艺及产排污节点、污染治理设施情况、日常环境管理情况等。

区内企业调查信息简表见表15.2。

表15.2　区内企业调查信息简表

调查项目	序号	调查内容	备注
企业基本情况	1	企业名称	
	2	联系人及联系电话、邮箱	
	3	行业类别	
	4	是否涉及重金属污染	
	5	地理位置	
	6	厂址中心坐标	
	7	现状运行情况	
	8	环保手续执行情况	
劳动定员及工作制度	1	劳动定员/人	
	2	管理人员/人	
	3	生产人员/人	
	4	工作制度	
	5	日工作时间/h	
	6	年有效工作时间/天	
	7	有无食堂	
占地面积及平面布置	1		
原辅材料消耗及产品情况	1	原辅材料及年使用量	
	2	燃料及年使用量	
	3	产品名称及年产量	
公辅设施	1	供水	
	2	排水	
	3	供热	
	4	供气	
	5	供电	
污染治理设施情况	1	废气污染治理设施	
	2	废水污染治理设施	
	3	噪声污染防治设施	
	4	固体废物处理处置	
环境管理情况	1	环评落实情况	
	2	排污许可情况	
	3	危废处置情况	
	4	突发环境事件应急预案	
	5	重污染天气应急预案	
	6	环境管理体系建设情况	

③ 大气污染情况检查。检查内容包括大气环境管理检查、污染物排放检查等。

④ 水污染源情况检查。检查内容包括污染物排放口及自动监控设备运行情况、主要污染物排放指标及达标情况、污水处理设施运行情况、企业排污许可情况等。

⑤ 化学品、固体废物及工业危险废物情况检查。

3. 环境影响咨询服务

① 为街道园区发展规划及环境保护政策制定、环境污染治理等方面提供管理和技术咨询服务。

② 协助街道园区主管环境及招商引资部门，对引进项目以及园区内企业单位涉及的环境问题，提供环保咨询和环境风险评估，通过政策导向提前分析咨询服务项目的类别和规模。

③ 对街道园区上级环保部门提出的相关问题和要求，提出解决和落实的合理化建议。

④ 对项目审批中遇到技术难点，如项目类别、报告形式、审批权限、产业政策、准入门槛、选址合规性等，组织专家提供技术咨询。

⑤ 对园区环保工作中的技术难点，如生产设施、工艺、生产规模、环保设施工艺和能力等批建符合性判断和处理方式，组织专家提供技术咨询。

⑥ 为街道提供网上咨询平台和专家热线，方便街道及企业咨询。

⑦ 为园区申请环保资金、创建试点示范提供咨询。

⑧ 为园区环境信息化管理、环保大数据服务提供技术咨询。

⑨ 全年开展的环境影响咨询服务不限次数。

4. 重点污染企业环境问题检查

按照国家相关法律法规及检测技术规范，对街道提供的名录内企业实施周期性环境监督检查，主要包括：

① 检查企业各项环境管理制度执行情况。重点检查企业环评、建设项目"三同时"、排污许可证、排污申报登记制度执行情况以及突发环境应急预案编制、备案情况。

② 检查企业生产现状以及主要生产设备的类型、规模是否与环评一致，工艺、设备布局是否擅自变更而易导致环境污染或发生污染事故。

③检查企业污染物产生环节的防治设施建设和运行情况。依据环评要求核查应建的污染防治设施是否存在擅自拆除、闲置情况。依据企业污染防治设施运行规范（说明），对保证污染防治设施正常运行的温度、压力、电压、电流等重点运行参数进行检查，确定污染防治设施是否正常运行。

④检查污染物排放方式和去向，以及污染物种类、毒性、浓度和排放量。通过查阅图纸、现场核查的方式，核查企业是否私设暗管排污以及在非应急情况下通过应急方式排污的行为。

⑤检查重点清查企事业单位危险废物和危险化学品储存设施环境隐患；检查企业危险废物储存场所、各类工业渣场环境风险防范措施和应急管理制度落实情况。

⑥检查企业环境应急预案编制备案情况，环境应急设施、应急物资储备和应急演练情况，企业环境风险隐患排查整治工作落实情况。

⑦检查企业对环境违法行为整改落实情况。

⑧对重点监控污染源企业实施"一企一档"管理，纸质档案和电子档案共建，加强档案动态管理，及时更新档案内容。重点污染企业名录见表15.3。

表15.3 重点污染企业名录

序号	企业名称	所属行业	涉及的污染类型
1			
2			
3			
⋮			

5. 街道地表水监测

按照国家相关法律法规及检测技术规范，对街道提供的地表水监测点位实施监测，监测点位由街道提供，将监测结果以书面形式提供给街道（表15.4、表15.5）。

表15.4 ××街道地表水监测点信息

监测点	点位	点位坐标	采样时间	频次
1				4次/年
2				4次/年
3				4次/年
⋮				4次/年

表15.5　地表水监测项目

编号	透明度	pH	溶解氧	氨氮	氧还原电位	总磷	总氮	高锰酸盐指数	化学需氧量
1									
2									
3									
⋮									

6. 土壤污染调查咨询

按照国家相关法律法规及监测技术规范，对街道指定的地块实施土壤场勘场调咨询服务，将监测方案及相关国家政策提交街道，并配合街道做好土壤监测监督、监测数据审查及治理方案策划工作，通过审查与咨询服务工作，为政府决策提供依据和支持。

（1）土壤地块调查

通过资料收集、现场踏勘与人员访谈等方式，实施土壤场勘场调，初步分析土壤地块环境污染状况。

（2）地块环境分析

根据资料收集、现场踏勘和人员访谈所掌握的信息，排查地块受到污染的可能性，主要包括：

① 地块污染物种类，根据生产工艺、原辅材料、产品种类以及排放废气、废水、固体废物等情况，分析地块可能存在的污染物种类。

② 污染物潜在迁移扩散方式，包括：生产过程中产生的废气和灰尘通过大气扩散至生产设施周边甚至厂房以外；废水排放沟渠破裂时污染土壤和地下水；废物堆存点污染物经雨水淋洗并随地表径流扩散进入附近河流；废物堆存点污染物或污染土壤经降雨淋滤进入地下水。

③ 地块潜在污染区域，根据地块生产装置、各种管线、污染物排放方式、现场污染痕迹、污染物的迁移特性等，分析地块潜在污染区域。

④ 地块污染对周边环境的影响，明确污染源、污染区域、污染物和污染介质以及可能对地块和周边环境的影响。

土壤污染风险源排查结果统计表见表15.6。

表15.6 土壤污染风险源排查结果统计表

序号	风险源名称 （企业、园区、场地）	地址	行业类别	土壤污染 风险类型	有无环境风险隐患 （简要说明）	备注
1						
2						
3						
⋮						

 项目成果

1. 现场图片

图15.1～图15.5所示为现场照片。

图15.1 现场排查

图15.2 废水总排口

图15.3 废气处理设施

图15.4 一般固体废物

图15.5 危废间

2. 项目成果清单

① ××街道园区180家企业现场排查；

② ××街道辖区内7条河道水质监测；

③ 建立企业一企一档文件；

④ 将××街道园区企业的基本信息、行业类别、涉及的污染物及存在的主要问题进行了汇总，建立了××街道企业汇总表；

⑤ 将××街道园区企业进行了涉气、涉水和涉危废分类统计，建立了文档；

⑥ 根据一企一档和企业汇总表文件，按照合同要求，建立了企业存在的问题及整改建议的文件；

⑦ 对排查后的某街道A区、B区、C区和外围企业分别进行了分析，建了A区、B区、C区和外围企业的分析报告；

⑧ 根据××街道园区企业的现状，建立了街道园区的总体分析报告；

⑨ 完成两次培训。

第十六章
案例二　某开发区环保管家监测项目

本章以天津市庆安环境检测有限公司完成的《某开发区环保管家监测项目》为案例，介绍环保管家服务在实际中的应用。

天津市庆安环境检测有限公司位于天津市滨海新区宁海路，公司拥有检验检测机构资质认定证书（CMA证书），认证环境要素类项目99项，检测范围涵盖水质、环境空气、土壤、固体废物、噪声5大环境类别，可为社会各界提供环境影响评价、环保竣工验收、企业排污申报、污染源调查／跟踪等各类环境检测服务。

 总体方案

根据某开发区管委会提交的园区内企业名单，对企业进行环保方面的管理、监督性监测、排查及相关环保技术服务，整理资料提交管委会，配合管委会的统一部署，进行环保监督工作。总体工作方案见表16.1，工作如下：

1. 区内企业的环境检测

组织相关技术人员对园区内企业进行废水、废气、噪声等环境问题的监督性监测工作，并提供中国计量认证（CMA）检测报告。

2. 园区内生产型企业环保信息调查档案

组织环保巡查小组及专家团队，对园区内生产型企业环境影响因素进行整体排查，并建立档案。根据《排污单位自行监测指南》及管委会提供的企业名录，监管、协助管委会对园区内企业进行全覆盖的排查污染源，并督促企业按环评文件要求频次开展监测。巡查结束后及时准确地将巡查结果以书面形式提交管委会。

3. 区内河道污染源普查以及水质常规检测和评价

按照国家相关法律法规及检测技术规范，对区内河道进行污染源的普查，并提交普查报告，对河道水质进行检测，提供水质检测报告和黑臭水质分析报告。

表16.1　某开发区环保管家监测项目总体工作方案

序号	服务项目	内容	备注
1	区内企业的环境检测	《2018年度××区企业环境检测报告汇编》	
2	区内生产型企业环保信息调查档案	《2018年度××区企业环保信息调查档案》	
3	河道污染源普查及水质常规检测	《××区内河道水质检测报告和分析报告》	全年不限次数

 具体服务项目实施方案

1. 环保技术服务

依托公司的技术骨干力量，组建委托监测机构进行企业检测服务项目团队，为××区政府提供环保技术服务，同时邀请技术顾问专家，针对环保问题，提出合理化建议，为政府决策提供合情、合理、合法依据。

在××区政府设立常驻办公室，委派1名环保技术人员到常驻办公室进行项目技术服务，配合区政府相关人员的工作。

2. 高新区企业的检测

根据区政府提供的企业名单进行检测，检测因子根据企业本身污染物种类来确定，并每户出具具有CMA资质的环境检测报告。不定期地帮助政府编制并下发企业整改单。

监测频次：4次/年。

3. 企业排查

区内企业每户一份环保信息调查档案，企业现场核查的内容主要涉及企业的环境管理问题，具体包括企业厂貌、生产设备有无跑冒滴漏现象、环保设施运行情况、环保设施运行台账、危险废物管理规范、危废间暂存区设置情况、危险废物管理台账、厂区有无异味及企业周围有无敏感区等。

建立园区企业一户一档，将所有企业环保信息汇集成电子版并将纸质版装订成册提交。

排查频次：2次/年。

4. 河道普查

对辖区内的4条河道普查并编制普查报告。

普查次数：2次/年。

5. 河道检测

对辖区内的4条河道、2个泵站、金海湖和5个坑塘进行检测，水质检测指标有pH、溶解氧、化学需氧量、氨氮、总氮、总磷、砷、汞、石油类及高锰酸盐指数。

监测频次：4条河道、2个泵站、金海湖监测频次为1次/半个月，坑塘监测频次为1次/2个月。

6. 黑臭水体

对河道的黑臭程度进行检测，检测指标包括氨氮、透明度、溶解氧、氧化还原电位四项。

根据河道黑臭程度的检测数据进行分析，并出具黑臭水质分析报告。

检测范围：4条河道、2个泵站、金海湖和5个坑塘。

监测频次：4次/年。

 项目成果

1. 现场图片

现场图片见图16.1～图16.3。

图16.1　现场排查

图16.2　车间

图16.3　废气处理设施

2. 项目成果清单

① 完成区内183家企业第一轮现场排查。

② 区内企业季度性检测，自2018年04月至2018年08月，共检测17家企业。自2018年09至2018年10月，共检测40家企业。

③ 对区内4条河道、金海湖、两个泵站和5个坑塘进行检测，河道、泵站、金海湖和坑塘共有68份检测报告。

④ 提交月总结报告。

⑤ 提交企业检测报告分析文件。

⑥ 提交河道检测数据分析文件。

附录

附录一
相关名词概念

1. 环保管家

环保管家是一种新兴的治理环境污染的商业模式，是指环保服务企业为政府、园区或企业提供合同式综合环保服务，并视最终取得的污染治理成效或收益来收费。

2. 排污许可

排污许可是指环境保护主管部门依排污单位的申请和承诺，通过发放排污许可证法律文书形式，依法依规规范和限制排污单位排污行为并明确环境管理要求，依据排污许可证对排污单位实施监管执法的环境管理制度。

3. 环境管理台账

环境管理台账是指排污单位根据排污许可证的规定，对自行监测、落实各项环境管理要求等行为的具体记录，包括电子台账和纸质台账两种。

4. 建设项目环境监理

建设项目环境监理是指社会化、专业化的工程环境监理单位，在接受工程建设项目业主的委托和授权之后，根据国家批准的工程项目建设文件，有关环境保护、工程建设的法律法规和工程环境监理合同以及其他工程建设合同，针对工程建设项目所进行的旨在实现工程建设项目环保目标的微观性监督管理活动。

5. 建设项目竣工环境保护验收

建设项目竣工环境保护验收是指建设项目竣工后，按照《建设项目竣工环境保护验收暂行办法》规定的程序和标准，建设单位自主开展组织对配套建设的环境保护设施进行验收，依据环境保护验收监测或调查结果，并通过现场检查等手段，考核建设项目是否达到环境保护要求。

6. 环境影响评价

环境影响评价是针对人类的生产或生活行为（包括立法、规划和开发建设活动等）可能对环境造成的影响，在环境质量现状监测和调查的基础上，运用模式计算、类比分析等技术手段进行分析、预测和评估，提出预防和减缓不良环境影响措施的技术方法。

7. 规划环境影响评价

规划环境影响评价是指在规划编制阶段，对规划实施可能造成的环境影响进行分析、预测和评价，并提出预防或者减轻不良环境影响的对策和措施的过程。

8. 环境风险

环境风险是指发生突发环境事件的可能性及突发环境事件造成的危害程度。

9. 环境风险评价

环境风险评价是对建设项目建设和运行期间发生的可预测突发性事件或事故（一般不包括人为破坏及自然灾害）引起有毒有害、易燃易爆等物质泄漏，或突发事件产生的新的有毒有害物质，所造成的对人身安全与环境的影响和损害进行评估，提出防范、应急与减缓措施。

10. 突发环境事件

突发环境事件是指由于污染物排放或者自然灾害、生产安全事故等因素，导致污染物或者放射性物质等有毒有害物质进入大气、水体、土壤等环境介质，突然造成或者可能造成环境质量下降，危及公众身体健康和财产安全，或者造成生态环境破坏，或者造成重大社会影响，需要采取紧急措施予以应对的事件。

11. 突发环境事件应急预案

突发环境事件应急预案是指企业针对可能发生的突发环境事件，为避免或最大程度减少污染物或其他有毒有害物质进入厂界外大气、水体、土壤等环境介质，确保迅速、有序、高效地开展风险控制、应急准备、应急处置和事后恢复而预先制定的工作方案。

12. 污染场地

污染场地是指对潜在污染场地进行调查和风险评估后，确认污染危害超过人体健康或生态环境可接受风险水平的场地。

13. 污染场地环境调查

污染场地环境调查是指采用系统的调查方法，确定场地是否被污染及污染程度和范围的过程。

14. 土壤修复

土壤修复是指采用物理、化学或生物的方法固定、转移、吸收、降解或转化场地土壤中的污染物，使其含量降低到可接受水平，或将有毒有害的污染物转化为无害物质的过程。

15. 清洁生产

清洁生产是指既可满足人们的需要又可合理使用自然资源和能源并保护环境的实用生产方法和措施，其实质是一种物料和能耗最少的人类生产活动的规划和管理，将废物减量化、资源化和无害化，或消灭于生产过程之中。

16. 清洁生产审核

清洁生产审核是指按照一定程序，对生产和服务过程进行调查和诊断，找出能耗高、物耗高、污染重的原因，提出降低能耗、物耗、废物产生以及减少有毒有害物料的使用、产生和废弃物资源化利用的方案，进而选定并实施技术经济及环境可行的清洁生产方案的过程。

17. 企业能源审计

企业能源审计是指审计单位依据国家有关的节能法规和标准，对企业和其他用能单位能源利用的物理过程和财务过程进行的检验、核查和分析评价。

18. 企业环境信用评价

企业环境信用评价是指环保部门根据企业环境行为信息，按照规定的指标、方法和程序，对企业环境行为进行信用评价，确定信用等级，并向社会公开，供公众监督和有关部门、机构及组织应用的环境管理手段。

附录二
环保重要文件清单

1.《中华人民共和国环境保护法》（主席令第九号）

2.《中华人民共和国环境影响评价法》（主席令第四十八号）

3.《中华人民共和国清洁生产促进法》（主席令第五十四号）

4.《清洁生产审核办法》（发改委、环保部第38号令）

5.《建设项目环境保护管理条例》（国令第682号）

6.《建设项目竣工环境保护验收暂行办法》（国环规环评〔2017〕4号）

7.《企业事业单位突发环境事件应急预案备案管理办法（试行）》（环发〔2015〕4号）

8.《企业事业单位环境信息公开办法》（环境保护部令第31号）

9.《突发事件应急预案管理办法》（国办发〔2013〕101号）

10.《企业环境信用评价办法（试行）》（环发〔2013〕150号）

11.《关于环保系统进一步推动环保产业发展的指导意见》环发〔2011〕36号

12.《关于积极发挥环境保护作用促进供给侧结构性改革的指导意见》（环大气〔2016〕45号）

13.《关于推进环境污染第三方治理的实施意见》（环规财函〔2017〕172号）

14.《排污许可证申请与核发技术规范 总则》（HJ 942—2018）

15.《排污单位环境管理台账及排污许可证执行报告技术规范 总则（试行）》（HJ 944—2018）

16.《排污单位自行监测技术指南 总则》（HJ 819—2017）

17.《建设项目环境影响评价技术导则 总纲》（HJ 2.1—2016）

18.《规划环境影响评价技术导则 总纲》（HJ 130—2014）

19.《建设项目环境风险评价技术导则》（HJ 169—2018）

20.《企业突发环境事件风险分级方法》（HJ 941—2018）

21.《大气污染指工程技术导则》（HJ 2000—2010）

22.《水污染治理工程技术导则》（HJ 2015—2012）

23.《环境噪声与振动控制工程技术导则》（HJ 2034—2013）

24.《危险废物处置工程技术导则》（HJ 2042—2014）

25.《污染场地风险评估技术导则》（HJ 25.3—2014）

26.《污染场地土壤修复技术导则》（HJ 25.4—2014）

27.《场地环境调查技术导则》（HJ 25.1—2014）

28.《场地环境监测技术导则》（HJ 25.2—2014）

29.《企业环境报告书编制导则》（HJ 617—2011）

30.《环境管理体系 要求及使用指南》（GB/T 24001—2016）

31.《环境管理体系 通用实施指南》（GB/T 24004—2017）

32.《职业健康安全管理体系 要求》（GB/T 28001—2011）

33.《职业健康安全管理体系 实施指南》（GB/T 28002—2011）

参考文献

[1] 唐然，张卿川. 新形势下环保管家服务模式探索[J]. 环境与发展，2017 （04）.

[2] 田志富，寇思勇. 工业园区环保管家技术服务工作探讨——以河北省某地市 国家级高新技术产业开发区为例[J]. 环境与发展，2017，29（03）：7-8.

[3] 黄诗仪，汤知鑫. 环保管家服务模式探索[J]. 资源节约与环保，2018 （05）：120.

[4] 樊健，李鸣飞，靳辉，胡昌旭. 关于工业园区环保管家服务模式的思考 [J]. 江西化工，2018（01）：119-122.

[5] 赵博. 企业实行环保管家的途径与优势探析[J]. 绿色科技，2018（08）： 155-174.

[6] HJ 942—2018. 排污许可证申请与核发技术规范总则[S].

[7] 环境保护部环境工程评估中心. 建设项目环境监理[M]. 北京：中国环境 出版社，2012.

[8] DB 13/T 2207—2015. 河北省建设项目环境监理技术规范[S].

[9] HJ/T 394—2007. 建设项目竣工环境保护验收技术规范生态影响类[S].

[10] 中华人民共和国生态环境部. 关于发布《建设项目竣工环境保护验收技 术指南污染影响类》的公告[Z].2018.

[11] HJ 130—2014. 规划环境影响评价技术导则 总纲[S].

[12] HJ 2.1—2016. 建设项目环境影响评价技术导则 总纲[S].

[13] HJ 169—2018. 建设项目环境风险评价技术导则[S].

[14] 天津市环境应急与事故调查中心. 天津市突发环境事件应急预案编制导 则[Z]. 2010.

[15] HJ 25.1—2014. 场地环境调查技术导则[S].

[16] HJ 25.2—2014. 场地环境监测技术导则[S].

[17] HJ 25.3—2014. 污染场地风险评估技术导则[S].

[18] HJ 25.4—2014. 污染场地土壤修复技术导则[S].

[19] 中华人民共和国生态环境部，中华人民共和国发展改革委办公厅. 清洁 生产审核评估与验收指南[Z].2018.

[20] GB/T 17166—1997. 企业能源审计技术通则[S].

[21]　中华人民共和国环境保护部，中华人民共和国发展改革委，中华人民共和国人民银行，中华人民共和国银监会. 企业环境信用评价办法[Z]. 2013.

[22]　HJ 617—2011. 企业环境报告书编制导则[S].

[23]　GB/T 24001—2016. 环境管理体系　要求及使用指南[S].

[24]　GB/T 24004—2017. 环境管理体系　通用实施指南[S].

[25]　GB/T 28001—2011. 职业健康安全管理体系　要求[S].

[26]　GB/T 28002—2011. 职业健康安全管理体系　实施指南[S].